말하는 건축, 침묵하는 건축

말하는 건축,
침묵하는 건축

발행 | 2021년 11월 3일

지은이 | 최상대
발행인 | 신우철
펴낸곳 | 뜻밖에
출판등록 : 제25100-2021-000005
주소 : 대구광역시 달서구 문화회관11안길 22-1(2층)
전화 : (053) 522~0700 팩스 : (053) 554~3433
이메일 : book0700@naver.com

ISBN _ 979-11-974694-2-8 03540

• 이 책은 대구출판산업지원센터의 '2021년 대구지역 우수출판콘텐츠 제작 지원사업'에
선정되어 발행 되었습니다.

말하는 건축, 침묵하는 건축

최상대 글 / 스케치

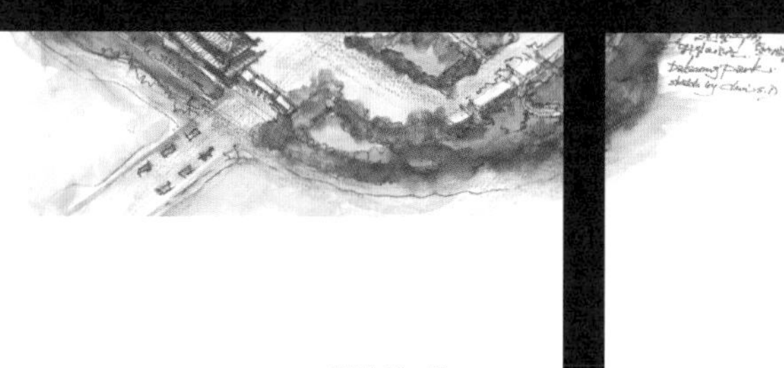

뜻밖에

말하는 건축,
침묵하는 건축

칼 세이건 원작소설의 영화 〈콘택트contect〉에서 주인공은 '광활한 우주의 별빛들 속에 정말 외계인이 있느냐?' 는 질문에, '무한한 우주에 우리만 존재한다면 엄청난 공간의 낭비이다.' 라고 말한다. 외계에서 들려오는 신호음을 따라서 은하계를 지나 블랙홀을 뚫고 베가성의 존재를 찾아 나선다. 무한공간 우주宇宙를 집(우)宇 집(주)宙라 일컫는다. 집은 곧 우주 무한공간無限空間으로의 확대인 것이다.

코로나19 이후를 언 콘택트un-contect, 언택드untect의 시대라 말한다. 먼 여행을 떠나지 못하고 서로 멀리하고 거리를 떨어져야 한다. 외부활동보다는 재택근무 등 집에서 개인적 시간이 많아졌다. 산속의 집에서 혼자만의 고립된 삶을 꿈꾼다. 취향에 맞게 지은 집, 나만의 삶의 집을 보여주는 TV프로들이 관심을 끈다. 주거와 삶의 방식이 변하고 있다. 나의 집은 곧 유한공간有限空間으로의 축소인 것이다.

그 동안의 건축에서는 소통, 통합, 공유, 개방, 투명성을 이야기했다. 도시에는 시민 다수를 위한 공공성의 건축과 문화적 건축 고층아파트가 많아지고 있다. 현대의 건축들은 사회와 시민들을 향하여 목소리를 높여 말한다. 다양한 디자인으로, 개성적인 조형으로, 화려한 색채로써 말을 하고 있다. 보편적인 말, 난해한 말, 강력한 말, 실험적이며 때로는 교훈적인 말을 하기도 한다.

한국 전통마을에 들어서면, 담장과 대문, 지붕, 처마, 기둥은 과다하지도 번잡하지도 않은 오랜 시간 동안 한결같은 자태이다. 말을 절제하고 침묵하는 듯하다. 마당, 대청마루, 사랑채의 열린 공간 외에는 은둔과 내밀의 공간들이 유기적으로 연결되어 있다. 전통 사찰건축과 서원건축에서도 자연환경의 질서 아래 낮고도 은밀한 속삭임이 있을 뿐 침묵하고 있는 건축이다. 침묵의 건축 또한, 내면적 울림에 마음의 귀를 기울이게 한다.

건축의 노벨상이라 일컫는 프리츠커 수상 건축가가 매년 봄이면 발표된다. 건축 작품을 통해 인류와 환경에 공헌한 건축가에게 수여하는 상이다. 40여 년을 지나면서 세계적 명성의 건축가들은 거의 망라되었다. 최근에는 잘 알려지지 지역에서 조용히 활동하는 건축가들이 조명되고 있다. 화려한 디자인의 큰 목소리의 건축이 아니라 내면적 철학으로 일관된 설계 작업을 하는 실천주의 건축가들이다. 일본은 8명의 수상자를 배출한 세계 1위 국가가 되었고, 중국과 인도에서도 수상자가 탄생했다. 스포츠, 음악, 영화에서는 세계 정상을 넘나드는 우리나라가 건축에서도 곧 수상의 반열에 오르기를 기대한다.

4차 산업 시대의 건축은 3D프린팅 건축공법이 등장하여 하루 만에 주택을 제작할 수도 있고 한 달 만에 10층 빌딩이 완성되기도 한다. 달나라와 화성에 미래의 우주 주거를 개발하고도 있다. 문명의 발전과 함께 건축은 복잡해지고 수많은 요소가 관련되어진다. 때로는 이해가 어렵고 불편한 대상이 되기도 한다. 인간의 필요에 따라 지어지는 건축은 건축주와 건축가, 시공자 곧 사람들의 마음으로 짓는 일이다. '건축은 철과 유리와 콘크리트로 지어지는 것이 아니라 사람의 영혼으로 지어진다.' 라고 건축가 다니엘 라빈스킨트는 말한다.

세계의 도시와 건축을 만나기 위하여 해외나 먼 여행을 떠나지 못하더라도 우리 도시 가까이에서 소소하지만 건축을 만나고 경험할 수가 있다. 우리 주변의 건축들이 모두 세계적이거나 뛰어난 디자인의 건축이라고 할 수는 없다. 주변에서 항상 바라보아 왔고 눈에 익숙해 있다고 해서 그

건축을 잘 알고 있는 것은 더욱 아니다. 우리가 살고 있는 도시 안의 건축에 대하여 세워진 배경과 건축의 말을 이해를 하는 것이 올바른 건축 사용방법인 것이다.

글과 스케치로 건축을 이야기하는 세 번째 책을 펴내게 되었다. 그동안 책을 통하여 시민들과 함께 건축을 이야기할 수 있는 기회가 되었다. 건축은 공학이나 예술이라는 특정한 분야이기보다 건축인문학의 종합적 영역이라는 것을 알리는 과정이다.

폴 발레리는 '노래하는 건축, 말하는 건축, 침묵하는 건축' 으로 감상자, 사용자로서의 건축을 구분하였다. 건축은 노래처럼 감동을 줘서 마음을 움직이며 건축에는 전달하려는 건축가의 메시지가 담겨 있다. 침묵은 아무 감동을 주지 않는다는 의미일 수도 있으나, 그 해석은 건축을 받아들이는 사용자의 몫이다.

2021년 10월

思空 최 상 대

차례

1
건축, 도시를 열다

달구벌의 본향, 달성토성

거리의 박물관, 선사 유적공원과 조형물

옻골마을, 경주 최씨 종택 백불고택

칠곡 매원마을

농암정사, 귀암종택

성주 한개마을

필로티 공간으로 비워진 건축, 달성군청사

영주의 건축과 도시재생

달구벌의 본향, 달성토성

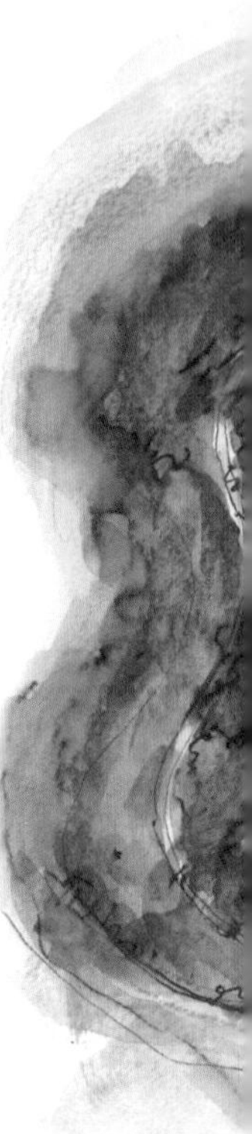

달구벌의 본향, 달성토성

박혁거세가 알에서 깨어난 서라벌의 나정은 신라의 시조 탄생 설화의 원천이다. 고을나, 양을나, 부을나 3 시조가 솟아난 삼성혈에 탐라 제주의 신화가 깃들어 있다. 달성達城은 대구의 본향이요, 기원 흔적과 역사를 간직하고 있는 모태 공간이다. 달성의 옛 이름은 달구벌達句伐이다. 신라의 달구화현達句火縣은 통일신라에 이르러 대구현大丘縣이 되었다. 대구大丘에 공자의 이름자 구丘가 있다 하여 지금의 대구大丘로 바뀐 것이 조선 영조 때였다.

통일신라 경덕왕 때 경주에서 대구로 수도 이전 계획을 세웠다는 삼국사기 기록이 있다. 신라왕도 대구는 어떤 모습이었을까? 역사는 어떻게 바뀌었을까?

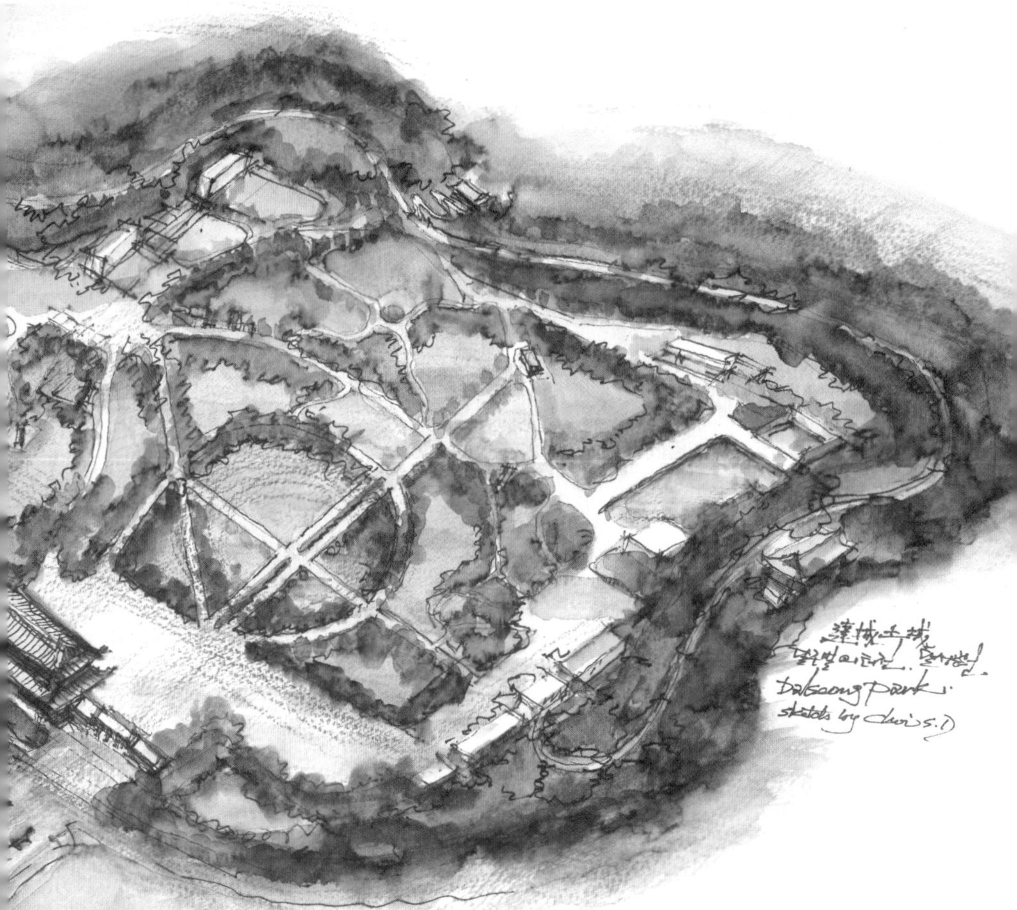

달성(達城)은 기원의 흔적과 대구의 역사를 간직하고 있는 모태적 공간이요, 대구의 본향이다.
달성의 옛 이름 달구벌에서 통일신라에 이르러 대구현이 되었다.

구릉지 언덕을 자연 형태 그대로 이용해서 쌓은 달불성토성은 우리나라 성곽 가운데 가장 이른 시기에 만들어졌다. 구석기시대부터 이곳에 취락을 이루었고 삼국사기에 신라 첨해왕沾解王15년(261)에 달벌성을 쌓았다는 기록이 남아 있다. 성곽 내는 오랜 세월 달성 서씨의 세거지世居地였다가 세종대왕 때 문중에서 토지를 국가에 헌납하였다. 선조 29년(1596)에 석축으로 개축하고 상주에 있던 경상감영을 현재의 포정동 경상감영공원 자리로 이전하기 전까지 이곳에 설치하였다.

낮은 구릉을 이용하여 5~12m 높이로 쌓은, 둘레 1.3㎞ 토성은 129,700㎡ 크기의 달성공원으로 남았다. 터는 분지의 도시 대구의 지형과도 유사하다. 하늘에서 내려다본다면 토성에서 시작하여 4대 읍성으로 넓어져서 지금의 도시로 점점 확대 성장한 듯 프랙탈 형상을 연상케 한다. 지금의 달성공원에는 옛 경상감영의 정문이었던 관풍루, 향토역사관, 동물원이 있다. 향토 시인, 예술가, 성인들의 시비詩碑와 기념비들은 근대의 시간과 역사를 담고 있다.

일제강점기 때에 일제는 조선 왕조의 궁궐 창경궁을 놀이공원 창경원으로 전락시키고 남산에는 신사神社, 신궁神宮을 만들어 참배케 했다. 대구의 역사가 담긴 달성토성 역시 1905년 놀이공원으로 만들며 신사大邱神社가 세워졌다. 동물원이 있는 달성공원은 오랜 세월 동안 시민들에게 추억의 장소와 휴식 공간이 되어 왔으며, 이즈음에는 어르신들의 안식처로 자리매김을 하고 있다.

대구의 공원들은 제가가 그 장소성과 생성의 의미를 지니고 있다. 경상감영공원, 2.28기념 중앙공원, 국채보상운동 기념공원 등으로 의

달성공원 언덕 위에 복원되어 있는 과거 경상감영의 문루 관풍루

과거 경상감영의 문루 관풍루

미와 뜻을 지닌 기념비적 공원이다. 그러나 달성공원은 그 생성의 의미가 왜곡되어 있기에 올바르게 정리되어야 할 필요가 있고, 지금이 바로 그 시기라고 생각한다. 대구시는 동물원 이전계획을 추진 중에 있다. 대구역에서 달성공원에 이르는 '순종 어가길' 이 조성되고 조형상이 세워졌으나 친일 역사 미화 논란을 빚고 있다. 한시바삐 일제에 유린당한 역사의 흔적을 지우고 올바른 달구벌토성으로 복원해서 역사의 원형이 담긴 공간으로 되살려야 한다.

달성공원 정문, 전통건축 양식 디테일을 콘크리트 양식으로 번안하였다.

관풍루觀風樓

관풍세속觀風世俗, '누각에 올라 세속을 살핀다' 라는 위민사상의 뜻을 담고 있는 누각이다. 지방문화재로 지정된, 정면 3칸 측면 2칸 팔작지붕의 2층 누각과 정자 건축물이다. 관풍루는 공원의 북측 수운 최재우 선생의 동상 뒤편 언덕 위에 세워져 있으며, 이전 복원된 건축한 것으로 현판 글씨는 죽농 선생의 글이다.

1601년(선조 34) 상주에서 대구로 경상감영을 옮겼을 때 선화당宣和堂 남서쪽 포정문布政門 위의 문루門樓가 관풍루였다. 1906년 친일파 관찰사 박중양朴重陽은 무차별적 읍성 철거를 단행했다. 읍성이 사라지며 관풍루는 1920년에 이곳으로 옮겨졌다. 당시 철거되어 사라졌던 영남제일관嶺南第一關은 지금의 망우당공원 언덕에 1980년 복원되었다.

당시, 성문을 여닫는 새벽 5시와 밤 10시면 경상감영 관풍루에서는 큰북, 종, 피리, 나팔 등의 풍악을 울려서 통행금지 시간을 알렸다. 지금의 관풍루는 소리를 잃은 채, 시간을 잃은 채, 본래의 터가 아닌 다른 곳에 외로이 서 있다. '세속을 살핀다' 는 이름처럼 이 시대의 정치, 우리 도시의 행정을 일깨우는 상징으로 기억되어야 할 곳이다.

대구향토역사관

'갈 곳 없는 달성공원 대구향토역사관'

언젠가 신문에 실린 기사 제목이다. 달성공원 정문을 지나서 왼편 전통 기와 건물 형태를 표방한 2층 콘크리트 건물(888㎡)이 대구향토

역사관이다. 역사관은 공간적 특성과 낡은 시설, 부족한 콘텐츠 탓에 시민들에게는 잘 알려지지 않은 문화시설이다. 달성토성 복원사업 추진 계획에 따라서 공원 내 대구향토역사관 존폐의 문제가 남아 있다.

향토역사관 건립 위치가 토성 일부를 허물어 점유했다는 이유로 문화재청은 향토역사관을 철거할 방침이라고 한다. 토성의 원상복원에 비중을 두고 있다고. 역사관은 근대건축 또는 보존으로서의 가치가 없는 건축이기 때문이기도 하다. 달성공원은 1965년 2월에 조성되어 1969년 8월에 개장했으며, 그때 향토역사관도 건립되었을 것으로 추정된다. 공원 정문과 함께 목조 전통건축을 표방한 현대의 콘크리트 건축이다. 6~70년대 전통문화 강박기에 따른 과도기적 전통양식의 건축 유산이라 하겠다. 그러나 잘 살펴보면 전통양식의 디테일과 디자인을 적용한 콘크리트 공법 건축으로서 창의적 건축 면모를 나타내 보이는 건축으로 평가할 수 있을 것이다.

토성복원과 시립박물관, 도시계획관

달성토성 재정비사업과 함께 공존을 검토해야 할 건축이 있다. 대구는 전국의 광역자치단체 도시 중 드물게도 시립박물관이 없는 도시이다. 지금의 황금동에 위치한 박물관은 '국립대구박물관' 이다. 지금까지는 각 대학박물관과 역사관 등에 지역의 귀중한 유산들이 분산되어 있는 실정이다. 대구시는 약 700억 원을 들여 2022년까지 시립박물관 건립계획을 발표한 바 있지만 가시적인 성과는 없다. 달성도성 숲속에서 과거의 시간과 역사가 공존하는 새로운 시립박물관을 그려볼 수는 없을까 생각해 본다.

세계의 도시들은 박물관, 미술관 건축에서 그 도시의 역사와 문화 예술을 보여주고 있다. 특히 최근 현대 도시에서 특별히 눈길을 끄는 것은 도시계획관이다. 베이징, 상하이, 닝보 등 역사 도시와 현대 산업 도시들은 과거와 현재, 미래의 콘텐츠를 보여주고 있다. 우리 도시에도 그런 미래지향적인 콘텐츠를 설치할 수 있지 않을까. '대구도시계획관' 은 토성 달구벌의 과거와 4대 읍성의 역사와 미래 도시 비전을 담는 건축물이 될 것이다.

박물관, 역사관, 도시계획관 건축은 우리 도시의 시간을 담는 건축이다.

거리의 박물관, 선사유적공원과 조형물

수백, 수천 년 전의 삶과 죽음, 그 흔적이 남은 유적지의 텅 빈 공간이 무한한 상상과 상념을 동시에 느끼게 한다. 오래전에 사라져 버린 사찰의 주춧돌만 남은 황량한 들판이나 빈 마당에서 더 크고 무한한 감회를 느끼는 것처럼.

서울의 종묘宗廟는 조선 왕조의 신주를 모시고 제사를 지내는 기능의 건축물이고 공간이다. 건축 회랑과 담으로 둘러싸인 월대月臺라 부르는 텅 빈 마당이 신이 머무르는 경건한 공간임을 깨닫게 한다. 영국 솔즈베리 대평원에는 정체불명의 스톤헨지Stonehenge가 서 있다. 거대한 돌기둥이 원을 이루듯 서 있는 그곳은 태양신을 경배하는 신성한 공간임을 상상케 할 뿐이다. 경주 황룡사지皇龍寺址 드넓은 들판에는 몽골제국의 침입으로 불타버린 사찰의 주춧돌과 탑의 심초석만 덩그러니 남아 있다. 이 들판에 서면 찬란했던 왕경 서라벌과 9층 목탑의

원시인이 돌도끼로 도로표지판을 내리찍고 있는 이색적인 사인보드가 눈길을 끈다.

위용을 상상하게 된다.

우리 도시에도 수천, 수만 년 전의 아련한 시간의 흔적과 박제된 공간들이 있다. 달서구 진천동, 대천동, 월암동, 월성동, 상인동 등에 선사시대 유적들이 광범위하게 널려 있다. 이곳의 유적 발굴로 그동안 5천 년 전 청동기시대로 알려졌던 대구 발생의 역사를 2만 년쯤 거슬러 구석기시대로 끌어올렸다.

아파트와 건물이 지어지고 도로가 만들어지는 도시 개발의 결과로서 땅 밑에서 잠자던 수만 년 전의 시간을 일깨웠다. 1980년대 이후 발굴조사로 태양에 눈뜬 유적들은 박물관으로 옮겨 보관되고, 그 자리 일부는 복원해 유적공원으로 조성했다. 진천동, 대천동, 월암동, 월성동 전체를 선사시대의 '월배유적지역' 이라고 부른다.

땅에서 솟은 듯한 대형 토기 조형물은 이 지역이 선사시대 유적지라는 것을 말해주고 있다.

선사유적공원 – 진천동 입석立石

월배지역 주변 10여 군데의 유적지 중 가장 규모가 큰 대표적 유적 공원이다. 달서구 진천동 470번지에 위치한 진천동 입석(국가지정문화재 사적 제411호)이 1997년 발굴되었고 그 장소를 공원으로 조성하였다. 유적공원에는 70m, 90m 크기의 입석 1기, 석관묘 5기, 모형입석 1기가 배치되어 있다.

공원에는 10m×25m 장방형에 50cm 높이의 석축 제단祭壇 한가운데 입석을 중심으로 청동기시대 원시 신앙 흔적이 고스란히 남아 있다. 기단 아래 산책로에 모형 입석(높이 210㎝, 폭 110㎝)이 세워져 있다. 표면의 별자리를 나타낸 듯한 성혈性穴과 기하학적 문양은 우주적 세계관과 신비감을 상상케 한다. 석축단 주변에서 토기無文土器 조각과 석기石器 등이 출토되었고 발굴된 5기의 돌널무덤(석관묘) 중 2기가 모형으로 공원에 보존되고 있다. 해가 지면 공원 가로등이 밝아지고 입석과 석곽묘를 비추는 부분조명이 유적공원의 신비를 더한다. 나무숲과 도심 주택 아파트에 둘러싸인 공간은 과거의 시간이 머무는 이색적인 공간이 되어주고 있다.

원시인 길거리 조형물

유적지 장소에 이르는 주요 길거리와 주변에는 선사유적지를 홍보하기 위한 조형물과 안내판, 벽화 등의 선사시대로路를 조성했다. 그러나 이들 조형물은 신선한 아이디어로 관심을 끌기도 하지만 민원성의 항의를 받기도 했다. 가장 먼저 등장한 것은 2017년 지하철 진천역에서 선사 유적공원까지의 거리 가로등 전신주에 등장한 원시인들의 다양한 포즈를 입체화한 광고판 조형물이다. 진천역 주변에는 타임머신을 타고 나타난 듯한 원시인이 돌도끼로 안내판을 내리치는 아찔한 게릴라성 안내판이 설치되어 있다.

원시인 조형과 선사시대 벽화에 나오는 동물 그림은 도시 공공시설물을 활용한 게릴라식 광고 홍보물이다. 시리즈로 연속된 조형물들을 즐기면서 걷는 관광 콘텐츠 테마 거리 조성이 진행되고 있어서, 역사적 공간에 대한 기대를 부추기고 있다.

상화로, 원시인 석상

2018년 봄, 상화로 수목원 입구 건너 도로변에 옆으로 누운 거대한 원시인 머리 조형물이 나타났다. '2만 년의 역사가 잠든 곳' 이라는 이름의 길이 20m, 높이 6m 크기의 그로테스크하게 보이는 조형물을 두고 한동안 논란이 끊이지 않았다. 그동안의 공공조형물들은 시민의 휴식, 도시의 밝음과 정서의 안정을 주는 디자인이었다. 더구나 도로에서 건물이 가려진 영업 식당들과 인근 교회의 항의, 언론의 질타가 이어졌고 철거를 요구하는 주민들이 구청에 민원을 제출하며, 달서구의회는 이 문제를 본회의에 상정하기에 이르렀다. 선사시대 역사의 뿌리를 표현하고 문화 관광 콘텐츠를 널리 알리고자 하는 유쾌한 표현일까? 아니면 도시 경관에 방해가 되는 추한 모습일까? 시간이 지나면서 점점 익숙해지리라 믿는 것일까?

진천역, 대형 토기

도시철도 2호선 진천역 3번 출구 지붕에 둥근 대형 토기가 하늘에서 뚝 떨어진 듯, 토기의 3분의 1이 아크릴 유리천장을 뚫고 박혀 있다. 바로 옆 화단에도 높이 3m가량의 돌칼이 비스듬하게 꽂혀 있다. 역 지하도에는 유물 발굴 장면 등을 입체적으로 재현한 트릭아트 전시로 토기, 목걸이, 마제석검 같은 청동기시대의 유물을 실물 10배 크기로 만든 거대 모형들이 전시되어 있다.

지상 전시물은 하늘에서 유성처럼 떨어진 듯, 지하 전시물은 땅 밑에서 솟은 듯, 유물들이 등장한 도심 길거리가 생뚱맞고도 엉뚱하다. 그러나 땅속에서 뛰쳐나온 것 같은 길거리 박물관의 새로운 시도들이 사뭇 도발적이면서도 재미있다.

월배로와 상화로 일대에 이러한 대형 유물 모형들이 설치되어 있지만 한눈에 얼른 드러나지 않기에 보물찾기하듯 눈여겨서 살펴봐야 한다. 정작 가까이서 만나는 유물들의 신비감이 반감되는 것은 주변 환경과 어우러지지 않아서 그런 것이 아닐지. 복잡하고 무질서한 도심 길거리에서의 만남이 다소 혼란스럽다. 작은 녹지 공간이라도 배경을 가진다면 조형물이 안정되고 야외박물관 명분이 되지 않을까 하는 아쉬움이 든다. 이미 밀도가 높아진 도심은 작은 녹지 공간조차 허락하지 않는 것일까. 빠른 자동차와 바쁘게 걷는 시민들의 시선을 끌기 위해서는 도로 표지판, 지하철 캐노피, 건물 옥상까지도 별다른 디자인이 필요하다.

광고디자이너 이제석

그 일련의 거리 조형물 총괄 디자인은 지역 출신 광고디자이너 이제석의 작품이다. 그동안 제작한 공익광고로 지구인들에게 경종을 울리는 교훈적 의미와 재미있는 볼거리를 제공한 그는 세계적 디자이너로 널리 알려져 있다.

지역대학 디자인과를 졸업한 그는 국내 공모전과 입사시험에서 번번이 좌절하고는 뉴욕으로 진출했다. 세계무대 진출 후 3대 광고제를 석권하는 등 국제 광고제에서 많은 메달을 석권하면서 한국을 빛낸 디자이너가 되었다. 귀국 후 그는 자신만의 광고를 만들 수 있는 연구소를 설립하여 활동하고 있다.

'다르게 보라', '거꾸로 보라', '정직하고 단순한 이미지를 쓰라'는 것이 이제석의 아이디어 발상법이다. 자신만의 생각과 이미지의 창의적 광고는 발표 때마다 화제를 일으키지만 생소하고 불편함을 주기도 했다. 도심 유적 형상과 이미지를 길거리 조형물로 디자인한 것도 보는 사람마다 평가를 달리하지만 분명 새롭고도 활기차다. 시간이 지나면 익숙해질 것이다. 선사 유적 조형물이 조금 생뚱맞긴 하지만 역사적 유물의 재미있는 볼거리와 함께 길거리로 뛰쳐나온 박물관이라는 점에서 의미가 있다.

선사유적공원의 석축 제단 위 입석은
청동기시대 원시 신앙의 흔적이다.
나무숲과 도심 주택 아파트에 둘러싸인 공원은
과거의 시간이 머무는 공간이다.

상화로 수목원 입구 도로변에 누워 잠든
거대한 원시인 조형물 '2만 년의 역사가 잠든 곳'

옻골마을,
경주 최씨 종택 백불고택

옻나무가 많은 골짜기 마을이라는 옻골마을 입구에는
수령 400여 년의 보호수 느티나무들이 있다.

대구에는 전통마을이 두 곳 있다. 서쪽의 달성군에 남평 문씨 세거지가 있고 동쪽의 동구 둔산동(옻골로 204)에는 경주 최씨 집성촌 옻골마을이 있다. 현대의 도시 안에 옛 전통마을이 그대로 보존되어 과거의 공간에서 잠시 시간 여행을 할 수 있음은 소중한 문화유산 덕분이라고 해야 할 것이다.

옻나무가 많이 자라는 골짜기 마을이라는 옻골마을은 칠계漆溪라고도 불리었다.

마을을 들어서면 20여 가구를 포근히 둘러싸고 있는 풍수지리적 자연 산세를 먼저 만나게 된다. 주산 대암봉 능성을 가만히 살펴보면 거북을 닮은 바위를 발견할 수 있다. 마을의 수호신인 듯한 거북바위의 절개와 기상은 바로 입향조 최동집의 호 대암臺巖과 연결되는 것이다.

입향조 대암臺巖 최동집의 5대손 백불암 최흥원(1705~1786)이 건립한 백불고택百弗古宅은 바로 옻골마을의 정신적 정점이다. 조선 실학자 안정복은 당 시대 최흥원을 일러 영남삼로嶺南三老 즉, 영남의 큰 스승으로 불렸다.

백불고택은 경주 최씨 집성촌의 중심으로서 은둔 귀거래사의 지혜와 시대정신, 생활철학과 충효, 겸손과 미덕이 오늘날까지 귀감으로 전해져 내려오고 있다. 1616년 최동집이 이곳에 들어와 정착하고 살면서 지은 집터에 손자 최경향이 1694년에 지은 고택이다. 조선 시대 고택 중에서 대구에 남아 있는 가장 오래된 집이라는 점에서 깊은 의미를 담고 있다.

마을은 옻골계곡 남쪽 진입부에서 시작하여 마을의 북쪽 끝 백불고택 종택과 사당이 있는 권위적 상징적 공간에 도달한다. 남에서부터 북으로 구성되는 수직선형 마을이다.

마을 진입부에는 수령 400여 년의 보호수 느티나무들이 있고 숲 그늘에는 직사각형 연못이 반듯이 앉아 있다. 하늘은 원형, 사람은 삼각형, 땅은 사각형으로 상징되는 원리로서 땅의 연못은 사각형의 방지이다. 방지는 건물이나 정자 앞 또는 마당에 위치하는데 이곳에서는 마을 숲 아래 공공적인 쉼터 역할을 한다. 느티나무들은 잡귀를 물리

경주 최씨 집성촌 종가 댁 백불고택

치고 마을을 보호하는 수호신이 되어 주기도 한다.

마을 집들은 모두 남향으로 배치하며 입구에 공사 중인 홍보관 한옥 디지털센터와 숭모각은 동향이다. 뒷산계곡에서 흘러내리는 동서 개울 사이에 마을이 형성된다. 그 개울이 만나는 삼각 지점에서 두 길로 나누어져 계곡을 따라 마을이 형성됨을 보여주고 있다. 동쪽 개울이 담장 안에 위치하는 동계정東溪亭은 이름 그대로 자연에 가까운 정자이다.

백불고택

높다란 솟을대문이 아니다. 좁은 골목, 낮은 담장, 부속건물과 함께 소박한 모습으로 권위를 내세우지 않는다.

마을의 큰집(종택)인 백불고택은 바깥양반들의 공간인 사랑채이다. 유교 전통사회에서 민가는 부녀자의 살림집은 뒤편으로 숨기면서 사랑채는 가부장적 품격을 드러내기 위해 전면에 내세운다. 이 집은 큰 사랑채인 백불고택에 붙어서 왼편으로 작은 사랑채가 붙어 있는 특이한 형태이다. 정면 4칸 맞배지붕의 큰 사랑채는 집안 어른이 기거하는 곳이며 낮은 지붕 3칸 사랑채는 아들의 공간이다. 한집이면서도 두 집으로 위상과 격조를 엄연히 구별하고 있다.

안채 출입문은 사랑채 서측으로 돌아서 위치하여 부녀자의 살림 동선과 채마밭 출입 동선이 이어진다. 큰 사랑방 뒤편에는 주인어른이 밤길에 안방 출입한다는 작은 쪽문인 일각문이 있다.

큰어른이 안채로 드나드는 모습을 눈에 띄지 않게 배려하는 내외문에는 양반 체통의 은유가 숨어 있기도 하다.

보본당

안마당에서 보면 북향 축 중심에 불천위 사당 가묘家廟와 별묘別廟가 위치하고 왼쪽에 안채와 사랑채, 동쪽에 1742년 건립한 재실 보본당이 있다. 보본당은 유형원의 『반계수록』을 최초 교정한 역사적인 장소이다. 영조의 명을 받아 백불암은 이곳에 교정청을 설치하고 최초의 교정본을 완료하였다. 가묘에는 백불암 최흥원을, 별묘에는 대암

공을 각각 배향하고 있다.

마을에는 백불암 최흥원을 추모하기 위해 세운 동산서원이 있었다. 대원군의 서원 철폐령으로 철거되면서 그곳에서 나온 목재를 사용해서 사랑채와 별묘, 가묘, 보본당과 포사를 지었다고 한다.

삼충사, 삼징사

동구 신숭겸 유적지에서 20여 미터 떨어진 곳에 삼충사三忠祠 사당이 있다. 임진왜란 시 입향조 최동집의 부친 최계(옻골마을 입향 최동집의 부친)가 홍의장군 망우당 곽재우와 힘을 합쳐 왜적과 싸움에서 승패를 결정적으로 뒤집어 승리한 뒤에 거주했던 곳이다. 최계, 최인, 최동보 삼숙질三淑姪의 업적을 기리기 위해 1828년에 건립했다.

마을 입구 오른편 언덕에는 삼징사三徵士 추모비가 있다. 벼슬길에 나가지 않고 징사로 추앙받아 천지의 이치에 맞게 살았다는 최동집, 최흥원, 최효술의 삶을 기리고 있다.

마을 골목길은 400여 년 자리를 지키고 있는 토석담 담장 길이다. 문화재청 지정 전국 10대 아름다운 돌담길 중 하나로 지정되어 있다.

칠곡 매원마을

매화를 닮은 양반마을

매원마을이 있는 칠곡은 아직도 왜관이라는 이름으로 불리기도 한다. 경부고속도로로 찾아가는 길에서는 내릴 곳이 칠곡IC가 아니라 왜관IC여서 주의를 기울여야 한다. 칠곡IC는 중앙고속도로 대구광역시 북구에 있기 때문이다. 왜관IC에서 내려 곧바로 파미힐스 골프장 방향으로 가다 보면 좌측으로 기와집들이 모여 있는 양지바른 동네가 나오는데, 그곳이 바로 매원마을이다.

매원마을은 안동의 하회마을, 경주의 양동마을과 더불어 영남의 3대 빈촌班村으로 일길어진다고 한다. 그러나 유네스코 세계문화유산으로 선정된 하회마

매원마을 전경

감호당 대문 입구

을, 양동마을에 비해서는 널리 알려지지 않은 것이 사실이다. 매원마을은 500여 년의 역사를 간직한 유서 깊은 선비의 고장으로, 장원 급제한 인재가 많이 배출되어서 '장원방將元坊'이라 불리기도 했다. 마을의 최대 번성기였던 1905년 무렵에는 가옥이 400여 채나 되는 마을이었다.

1950년 한국전쟁 때 북한군이 마을 박곡종택에 지휘부를 설치하고 지경당止敬堂을 북한군의 야전병원으로 이용했다. 당시 미군은 매원마을의 북한군 지휘부를 향해 집중 폭격을 가했고 이로 인해 매원마을 400여 채의 가옥 중 300여 채가 소실되면서 마을은 완전히 폐허가 되었다고 한다. 현재는 60여 채가 남아 있을 뿐이다.

최근 경상북도와 칠곡군은 선비문화가 서린 매원마을의 소중함을 깨닫고 매원마을의 고택들을 한국전쟁 이전의 상태로 복원하는 중이다. 특히 문화재적 가치가 있는 고택들을 하나씩 문화재로 평가받은 뒤 장차 마을 전체를 민속마을(중요민속자료)로 지정받기 위한 사업을 추진 중이다. 현재 해은고택, 감호당, 지경당 등 3곳은 경상북도 지정문화재가 되어 있다.

풍수지리적으로는 매화가 떨어진 모양을 닮았다고 해서 매화낙지형梅花落地 형국이라 부른다. 마을 오른편 맨 위쪽을 상매라 하고 중간을 중매, 아래를 서매(하매)라 부른다.

매원의 뒷산은 학의 둥지라는 소학산巢鶴山이다. 주변에는 황학산黃鶴山과 유학산遊鶴山 등이 포진하고 있다. 매처학자梅妻鶴子 - 매화를 부인으로 삼고 학을 자식으로 삼는다라는 말이 있듯이, 매화가 있으면 응당 거기에는 학이 있기 마련이라는데 지금은 매화도 없고 학도 보이지 않는다.

소담한 인문학 공간, 감호당鑑湖堂

감호당은 정신적, 인문학적 공간이자 건축이다. 민가의 사랑채나 자연 속에 위치하는 정자와는 입지가 다르지만 기능은 비슷하다. 마을 사람들이나 논객, 제자들과 만나서 시를 읊고 글을 쓰고 바둑을 두기도 하고 대화를 나누는 인문학적 공간이다. 건축 규모가 크지도 않고 화려하지 않으며 겸손하다. 담소하고, 즐기고, 사색하고, 공부하고, 잠도 잘 수 있는 복합 기능의 건축 공간이다. 작은 마당과 적당한 높이의 남향으로 양지바른 위치에 앉은 감호당은 조선 중·후기 매원리 마을의 강학 공간 구조를 이해하는 데 중요한 건축물이다. 박제된 과거의 건축물에서 벗어나 요즘에는 시낭송회와 음악회를 위한 공간으로 활용되고 있다.

조선시대 경성판관, 담양부사를 지낸 석담 이윤우(1569~1634)가 매원마을의 자연 풍광에 매료되어 만년에 강학하며 거처하기 위해 지은 건물로 감호정사라고도 한다. 나중에 아들인 이도장(1607~1690)이 물려받아서 이곳에 거처하며 독서와 강도講道에 힘썼다.

감호당 건립은 17세기 초로 추측되며 두 차례의 보수, 두 차례의 중수를 거쳐 오늘에 이르고 있다. 현존 건물은 창건 당시 모습으로 복원되었다. 남쪽 진입로를 돌아 서쪽에 대문간 없이 양쪽에 기둥만 하나씩 세우고 문짝을 단 일각문一角門으로 측면 진입한다. 방형으로 구획된 돌담 안에 일자형 건물이 남향으로 배치되어 있다. 감호당 뒤에는 우측에 직교하여 부속건물이 있다.

건축형식은 정면 5칸, 측면 1칸 규모의 단순한 맞배지붕 형식이다.

양 측면 비바람을 막는 풍판이 있고 평면은 중앙에 2통간 마루를 중심으로 좌측에 1칸 온돌방과 우측에 2칸 온돌방이 배열된 중당협실형中堂挾室形이다. 온돌방 뒤에는 반침이 설치되어 있다. 청방간에는 2분합 들문이 있고 온돌방 전면에는 쌍여닫이와 외여닫이 띠살창, 측면에는 외여닫이 띠살창 구조이다.

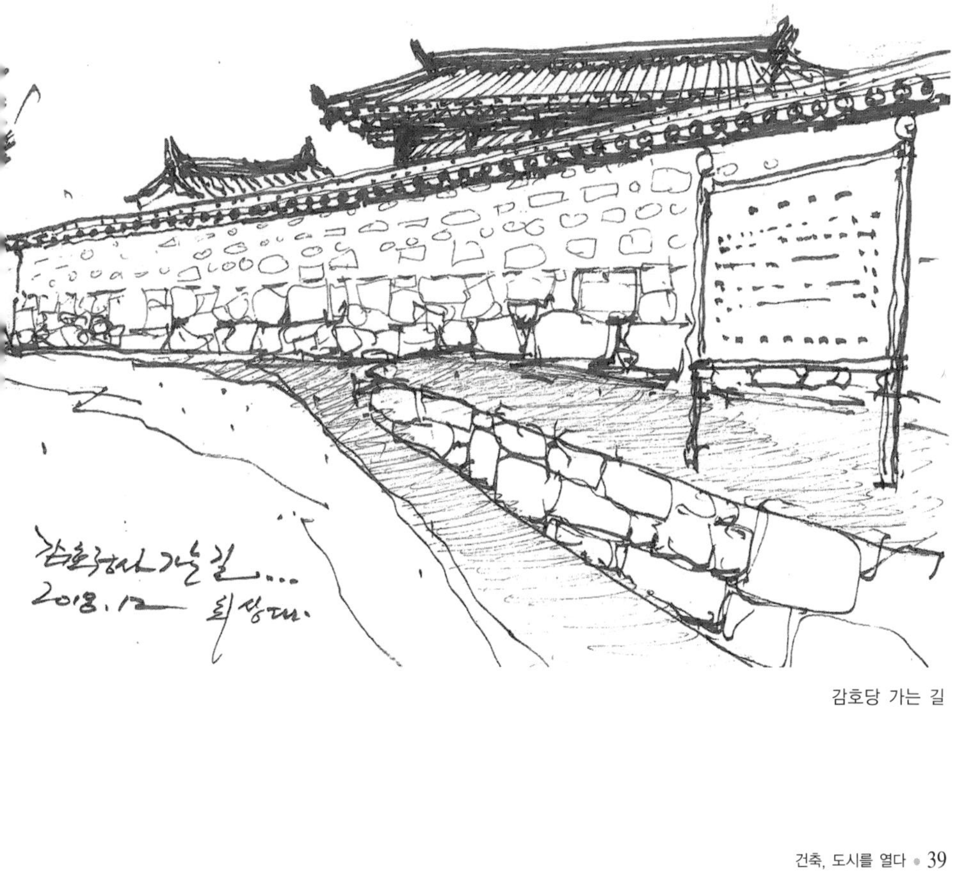

감호당 가는 길

지경당 전경

감호당鑑湖堂은 '넓게 흐르는 물에 마음을 성찰하다' 라고 나름대로 의역해 본다. 현판은 수미 허목許穆 선생의 전서篆書이며 수월헌水月軒 현판이 회벽의 서까래와 나무 문짝과 조화를 이루고 있다. 경상북도 문화재 자료 제619호 지정되어 있다.

기품 어린 당당한 양반집, 지경당止敬堂

지경당을 찾았을 땐 대문이 잠겨 있어 서쪽 담의 임시 출구로 들어갈 수 있었다.

서쪽 측면에서 바라보는 지경당 팔작지붕 모습에서 당당한 양반가문의 기품을 느낄 수가 있었다.

오랜 세월의 흔적이 밴 집은 연로한 노인의 모습이다. 삭은 흙 기와, 목조기둥, 툇마루, 찌그러진 처마…. 마당 한편 채마밭의 배춧잎은 연두색을 띠고 있었다.

지경당은 세 칸 규모의 평대문을 두고, 안으로는 사랑마당과 함께 사랑채가 있다. 사랑채와 나란히 중문간채가 붙어 있는 특이한 모습을 하고 있다. 마치 중문간채를 나중에 붙여서 지은 느낌이다. 잘 생기고 당당한 사랑채를 지나면 안채가 나온다. 안채와 사랑채 사이 좌측에는 며느리가 처음으로 시댁에 오면 머무르는 곳간채가 있어 조선 시대 사대부 살림집 구조를 잘 보여준다.

지경당의 건물은 완만한 경사지에 남동향으로 2단 터를 닦고 정침正寢, 사랑채, 중문간채, 대문간 등 4동으로 배치되어 있다. 배치 형태는 대문(3×1칸)을 들어서면 사랑마당이 있고, 그 너머로 사랑채와 중문간채가 연접되어 있으며, 사랑채와 중문간채는 북쪽에 위치한 정침 쪽으로 날개처럼 꺾여 각 실이 연결되어 있다. 사랑채와 중문간채가 연접되어 있음은 아주 특이한 평면구조이다.

특히 사랑채는 수려한 처마 선과 함께 아름다운 건축미를 잘 나타내고 있다. 연결된 중문간채로 인하여 동측의 처마 선을 바라볼 수 없음이 아쉽다.

한편 이 건물은 경북 남부지방에서 주로 나타나는 상류 주택형인 튼 ㅁ 자형 배치양식으로, 좌측으로 사랑채, 우측으로 중문간채, 그 중문간채를 들어서면 안채가 자리 잡고 있다. 사랑 대청 천장에 새겨진 연화 문양 조각과 태극 문양 등은 다른 곳에서 볼 수 없는 멋과 여유로움을 표현하고 있다. 높은 기단 위 사랑채 마루에서는 매원마을 전체 경관을 바라볼 수 있다. 지경당은 6.25 전쟁 때 북한군의 야전병원으로 사용되었다고 한다. 현재는 경상북도 문화재자료 제620호 지정되어 있다.

해은고택

안온하고 정감 어린 양반 댁, 해은고택海隱故宅

매원마을의 가장 위쪽 상매에 있는 것으로 보아서는 마을에서 가장 어르신의 집이라고 짐작된다. 그러나 지금 상매 가장 윗자리에는 붉은 벽돌과 첨탑 십자가의 매원교회가 들어서 있다. 멀리서 매원마을을 바라볼 때도, 상매 해은고택 진입 골목에 들어서서 흙담이 보이는 대문간으로 향할 때도, 안온한 기와지붕 마을 위에 서양식 붉은 벽돌 교회가 버티고 있는 풍광을 지워버릴 수는 없을까? 교회는 왜 조금 비

해은고택 대문

켜나서 짓지 못했을까? 괜스러운 생각을 하게 된다. 양동마을 왼편 한쪽에 양동교회가 있다. 마을 기와집과 과거의 시간을 존경하느라 교회는 마을 반대편으로 고개를 숙이고 서 있다. 양동교회는 우수 건축상을 받았다. 드러내고 치장하고 내세운다고 잘난 건축이 아니다. 건축도 겸손해야 할 장소가 있는 것이다.

해은고택은 매원마을의 주택 중에서도 그 건립 연대가 18세기 말로 가장 오래되었다. 그 규모도 잘 갖추어진 조선시대의 주거 건축물로서, 그 시대적 특징과 영남지역의 특색이 잘 나타나는 대표적인 건축물이다.

골목 안 3칸 규모의 대문을 들어서면 사랑마당이 나온다. 사랑마당과 높이를 달리해 안마당이 이어진다. 아마도 지세에 따라 건축을 앉혔을 것이다. 사랑채, 곳간채, 안채가 ㄷ형으로 배치되고 안채 우측에 사당이 자리 잡고 있다. 안채는 정면 6칸 반, 측면 1칸 규모의 맞배 기와집으로 길게 앉은 집이다. 자연석 기단 위에 자연석 그대로의 덤벙주초를 놓고 사각기둥을 세웠다. 평면 구성은 대청을 중심으로 좌측에 안방과 부엌을 연접시키고, 우측 건넌방은 안 사랑의 기능이다.

기둥은 전면 좌측의 4본만 원주를 사용했다. 평면 구성은 좌로부터 2통간 대청, 2칸 사랑방, 문간방, 중문간 순으로 연접되어 있다. 대청과 사랑방 사이에는 4분합 들문을 달고, 2칸의 사랑방 사이에는 4짝 미서기문을 달아 필요에 따라 4칸을 통간으로 사용할 수 있게 꾸몄다. 사랑방 배면에는 출입문을 두어 안채와 연락을 취할 수 있도록 했다.

사랑방과 사랑마루 사이의 뒤로는 가림담장을 설치해 내외의 공간을 분명하게 구분해 놓았다. 예의를 중시하던 선비 댁답게 사랑채에서 안채의 여인네를 쉽게 볼 수 없도록 담을 쌓은 것이다. 이처럼 고택은 담장 하나에도 은근한 매력이 숨어 있다. 경북문화재자료 제275호이다.

농암정사와 귀암종택

농암정사, 귀암종택 솟을대문이 있는 앞마당은 주차장 공간으로 사용되고 있다.

고속도로 왜관IC를 내려서 내비게이션을 따라 칠곡군청 방향으로 접어든다. 농암정사聾巖精舍, 귀암종택歸巖宗宅을 찾아가는 길이다. 시가지에 접어들어 긴 블록 담장을 따라가는 길은 직선을 그은 듯 반듯하다. 칠곡군 내 상당 부분을 점유하고 있는 미군부대 캠프 캐럴Camp Carroll 담장이다. 큰길 담장 벽에는 6.25 전쟁의 정서를 표현하는 벽화그림으로 채워져 있다. 블록담장을 돌고 돌아서 캠프 캐럴의 북쪽 편에 농암정사 석전종택이 위치한다.

왜관으로도 불리는 칠곡군은 여느 도시 분위기와는 사뭇 다르다. 시가지 서쪽 가까이에는 낙동강 줄기가 유유히 흐르고 시가지 중심을 가르며 경부선 철도가 남북으로 지나고 있다. 그 오른편의 상당한 영역을 미군 부대가 차지하고 있다. 과거의 미군 부대는 시가지 외곽에 자리했지만 시가지가 확장되면서 그 가운데에 위치하게 되었다. 300여 년 전부터 석전종택이 들어서 있었고 100여 년 전 농암정사가 세워질 때에는 주변이 넓은 논밭과 벌판이었고 큰 연못도 있었다고 한다. 고택과 정사의 배치와 평면 구성에서 옛날의 풍광을 짐작할 수가 있겠다. 캠프 캐럴은 6.25 동란이 휴전되고 나서 1959년 5월 건설되었다.

칠곡군 왜관읍 석전리의 품격 높은 고택의 존재는 널리 알려져 있다. 집에서의 '품격이 높다' 라는 말은 집의 규모나 외형만을 두고서 그렇게 말하지는 않는다. 그 가문의 인격, 학문, 명예와 함께 역사가 배어 있는 그런 집을 두고 '품격이 높은 집' 이라고 말한다. 품격이 있는 집에는 시간時間, 공간空間의 흔적과 더불어 중후한 모습이 배어 있는 것이다.

농암정사

1910년대 건립으로 추정하는 농암정사聾巖精舍는 귀암고택의 북서측에 위치하고 있다. 말하자면 귀암고택의 별채가 농암정사라고 보면 될 것이다. 광주 이씨 농암聾巖 이상석李相奭, (1835~1921)이 고향 종택에 건립한 작은 별채 건물이다. 조선 말기 나라의 어지러운 형세를 보며 스스로 벼슬길을 포기하고 고향에 은둔하면서 후학에 힘쓰기 위해 지은 건물이다.

일제강점기 국권 침탈 이후 호적령이 시행되던 시점인 1910년 이후부터 농암 서거 1921년 사이에 건립되었을 것으로 추정하고 있다. 지역 명문가인 광주 이씨 귀암종택에 모범적으로 일제는 창씨개명, 단발령을 강요하였다. 이에 항거, 듣고 싶은 것이 없다 하여 호를 농암聾巖이라 하였다. 스스로 귀머거리를 자처하며 바깥 활동조차도 금했다고 한다. 호를 농암聾巖으로 짓고는 이 집에서 은둔하며 오로지 후학 양성에만 힘을 쏟다가 향년 87세에 사망하였다.

집의 역사와 유래를 기록하는 것은 집의 상량문이다. 5칸 집 6개 들

보라는 상량문 기록과 현재의 건물이 차이가 있어 일부 개축이 있었을 것으로 추측한다.

농암정사는 책을 읽고 글을 쓰는 서재·서고 기능과 제자들에게 글을 가르치는 강학 기능을 겸하는 공간이다. 과거 서측 담장에 외부로 출입하는 작은 문이 있었고 북측 담장 너머로 솔밭 뒷동산이 있었다. 지금 미군 부대가 있는 자리에는 넓은 들판과 큰 연못이 있었다. 농암정사는 80년대 중반 『용비어천가』 고서도난사건으로 전국에 널리 알려지게 되었다. 솔밭 뒷동산 담을 넘어 서고 뒷벽을 뚫고는 많은 고서를 훔쳐 갔던 일이다. 『용비어천가』는 숙종이 장성부사 이원정에게 하사한 내사본內賜本이며 도난당한 서책은 대부분 경상북도 지정문화재였다. 다행히 다시 찾은 『용비어천가』를 비롯한 2,500여 점의 고서들을 대구가톨릭대학교에 기증하였다.

농암정사는 정면 3칸, 측면 2칸의 단순한 일자형 한옥이다. 그러나 평면구성에서는 편당형片堂形 건축이라는 특이함이 있다. 정면의 3칸 그대로 3부분 평면으로 나누어진다. 좌측의 마루 공간은 비워져〔陰, negative〕있고 중앙의 반은 비워지고 반은 채워진다. 우측은 방으로 채워져〔陽, positive〕있다. 마치 태극역학 형태와 유사하여 편당형 평면을 태극형이라 말하기도 한다. 또한 ㄱ 자와 ㄴ 자가 어울린 형을 이루는 음양오행의 공간구성을 하고 있다.

좌측은 비워진 대청 공간이다. 측면과 후면 여닫이문(바라지창)을 열면 3면이 개방되며 계절에 따라 통풍을 조절할 수가 있다. 가운데 방은 전면에 들문을 들어 올리면 시원한 마루 공간으로 확장된다. 남서측으로는 멀리 외부 경관을 조망할 수 있었던 마루의 배치이다. 농암정사는 곧 자연 속에서의 정자와 다름없었다고 생각된다. 가운데는 전면 1칸 마루에 후면 1칸 온돌방(뒤로는 벽장이 있다)이며 우측의 2칸 온돌방은 지금은 내부가 연결되어서 고전강의 공부방으로 활용하고 있다. '亦樂書堂' 현판처럼 학문에 힘쓴 농암의 정신을 이어서 내려오고 있는 셈이다. 지붕은 팔작지붕이며 정면 '농암정사聾巖精舍' 현판의 유려한 필체가 단정하다.

귀암종택은 바깥마당 영역, 사랑마당 영역, 안마당 영역으로 마당 공간을 중심으로 형성된다.
17대 종손이 8년 전 현대주거생활에 맞게 증개축을 하였다.

솟을대문을 들어서면 안과 밖을 구분하는 내외벽이 있다.
밖에서의 시선을 가리기 위한 사람 키 높이 담장은 남녀유별의 경계이다.

농암정사 건축 방식에서 특이한 의문점 두 가지를 발견하게 된다. 우측 전면으로 쪽마루를 밖으로 달아냈다. 좌우 양측에는 마룻바닥에서 30센티(1자) 정도 높인 쪽마루가 있다. 쪽마루를 대청마루보다 한 단 높인 특이함은 의문을 갖게 한다. 기단 중앙 바닥에 굴뚝(煙口)이 있다는 것이 특이하다. 굴뚝 연도는 집 뒤쪽에 위치하는 것이 상식이기 때문이다.

귀암종택

종택이 있는 칠곡군 왜관읍 석전 2리, 이곳의 옛 이름은 귀바위 마을이었다. 입택조 문익공 이원정李元禎의 호가 귀암이었다. 따라서 귀암종택歸巖宗宅 석전종택石田宗宅으로 불리기도 한다.

석전문중은 4대에 걸쳐 문과에 급제한 가문이다. 1606년 이윤우를 시작으로 아들 이도장, 손자 이원정, 증손자 이담명이 잇따라 과거에 급제했다. 특히 이원정은 효종 3년 문과에 합격해 대사간, 대사헌, 성균관 대사성, 형조판서, 특히 경상도 출신으로 드물게 이조판서를 거친 인물이다.

솟을대문 왼편으로는 농암의 작은댁 이택기 가옥이 있고 별도의 출입문이 있다. 귀암종택은 경상북도 비지정 문화재이며 5년 전 증개축하여 현재의 모습을 갖추었다. 귀암 문익공 종택은 17대 종손 이필주님이 7년 전 지금의 주거에 맞게 증개축을 하였다고 한다. 지방문화재로 지정되지 않았기에 많은 부분을 개축할 수가 있었다고 한다.

종택의 사랑채마당에 들어서면 왼편 뜰에서 고택을 지키는 아름드리 고목이 눈길을 끈다. 마당의 회화나무와 함께 농암정사와 사당에 이르게 하는 정신적 공간이다. 사당 앞 담장 너머로 뻗어 나온 향나무는 마치 용트림하듯 상서로운 기운을 느끼게 한다. 사당마당에 그늘을 드리우고 서있는 배롱나무는 오랜 시간의 역사를 말해주는 듯하다. 300여 년 동안 종택을 지키고 있는 회화나무, 향나무, 배롱나무가 경상북도 지정보호수(2009년)로 등록되었다. 종택의 사당祠堂은 정신적 상징이자 집의 어르신 격으로 가장 위쪽이나 동쪽에 위치하는 것이 보편적이다. 서쪽에 위치하는 사당은 결과적으로 농암정사와 근접하며 종택의 품격을 이루고 있다. 사당은 10년 전 중건하였다.

우리의 전통한옥은 마당 공간을 중심으로 하는데, 귀암종택은 바깥마당 영역, 사랑마당 영역, 안마당 영역으로 구분해서 형성되었다.

바깥마당 영역은 옛날 농경시대에 타작마당이기도 했고, 거기서 곡식을 말리는가 하면 두엄을 쌓아두기도 하는 다목적 작업 공간이었다. 5칸 위용을 갖춘 솟을대문이 서 있는 지금의 바깥마당은 방문객을 영접하는 주차 공간이다. 담장 안에 포함되는 소유의 영역이 아닌 외부를 배려하는 공공영역의 역할을 하고 있다. 솟을대문 인방에는 '門止禎原李巖歸公益文' 가로현판이 걸려 있다. 귀암종택임을 내세우는 당당함을 드러내고 있다.

사랑마당 영역은 대문을 들어서면 만나는 반듯한 마당이다. 정면 5칸 사랑채는 오른편 4칸의 종사랑채와 연결되어서 기다란 건물로 앉아 있다. 종사랑채는 안채 마당으로 진입하는 안대문 기능을 한다. 사랑채 2칸 대청마루는 미닫이문이 설치되어 있고 3칸 온돌방이 연접하고 있다. 사랑채에는 종손 이필주 님이 기거하며 종택과 문중 일을 보살피고 제사를 관장하고 있다.

특히 눈길을 끄는 것은 처마 밑 하얀색의 현대적 느낌을 주는 '귀암고택' 현판이다. 서예가 오세창의 전서 글씨이다. 대청마루에도 똑같은 현판이 걸려 있어 질문을 드리니 도난을 대비하기 위함이라는 현답을 하신다. 위창 오세창(1864~1953)은 서화가일 뿐 아니라 조선 말기 계몽 운동가로서 정치인, 언론인, 3.1독립운동 33인 민족대표의 1인이다. 위대한 인물의 귀중한 현판 작품이 존재하는 집에 대한 존경심이 우러나게 한다.

안채가 있는 안마당 영역은 집안 살림을 맡는 부녀자의 영역이다. 평면은 중앙 2칸, 대청마루를 중심으로 좌측 부엌 2칸, 안방 우측 2칸,

방 전면 반 칸, 툇간마루, 유리미닫이문이 있다. 종사랑채의 안대문을 통과하면 곧바로 안마당이 보이지 않도록 되어있다. 전통한옥에서는 남성들의 공간인 바깥사랑채와 여성들의 공간인 안채를 구분하고 있다. 그 중간에는 안과 밖을 구분하는 내외벽이 있다. 밖에서 안으로의 시선을 가리기 위한 사람 키 높이 담장은 휴먼스케일이다. 내외벽은 우리나라 전통건축에만 존재하고 다른 나라에 없는 남녀유별의 경계이다. 외형적으로는 안팎을 차단하지만 밤중에는 은밀히 통하는 샛길이 있음도 한국전통건축의 해학이다.

안마당은 장방형 ㅁ자로 여느 한옥보다 규모가 크고 반듯하다. 안채건물은 정면 8칸으로 동측 건물과 남측 사랑채와 이어져 있다. 마당 동측에는 부속동 광채가 독립으로 있다. 넓은 터에 큰 규모의 한옥과 넓은 마당은 그동안 보아왔던 여염 살림집과 비교가 되지 않는다.

불천위

귀암종택은 불천위不遷位 제사를 지낸다. 유교에서 4대봉사四代捧祀라고 하여 4대조(부, 조부, 증조부, 고조부) 제사가 기본이다. 4대가 넘어가면 사당으로 옮겨 신위를 땅에 묻고는 더 이상 제사를 지내지 않는다. 그러나 특별히 출세했던 위인이거나 덕망이 있는 조상의 경우에는 신위神位를 옮기지〔遷〕 않고〔不〕후손들이 계속 제사 지내는 것을 허용했다. 불천위에는 나라에서 정한 국불천위國不遷位와 지역유림에서 옹립한 향불천위鄕不遷位, 문중에서 지정한 사불천위私不遷位가 있다. 귀암종택은 향불천위를 지낸다. 고택을 지키고 있는 종손 이필주

종택이 있는 이곳의 옛 이름은 '귀바위마을'이었다. 종택의 사랑채마당, 안마당,
보호수인 마당의 회화나무, 농암정사와 사당은 종택의 정신적 상징적 품격을 이루고 있다.

님은 118불천위 가문으로 조직된 영남불천위회(영천회) 회장을 최근까지 역임하였다.

동산재

귀암종택에서 동쪽으로 400여 미터 언덕바지에 동산재東山齋가 있다. 동산재는 귀암종택의 선현 삼대三代의 제사를 지내는 제실이 모여 있는 곳으로 경상북도 문화재 자료 제503호이다. 선현 낙촌공 이도장의 낙촌정落村亭, 장자인 귀암공 이원정의 경암제景巖齊, 장손인 정재공 이담명의 소암재紹巖齋와 그 별묘가 한 담장 안에 배치되어 있다.

솟을대문 밖에는 방지형 연못이 자리하고 있다. 연못 위쪽의 솟을대문과 연못 좌측, 관리소 우측에는 귀암공신도비歸巖公神道碑가 있다. 솟을대문을 들어서면 안마당을 중심으로 위쪽에는 낙촌정, 좌측에 소암재, 우측에 경암재가 위치하며 전체적으로 품자형品字型을 이루고 있어 마치 전통서원의 배치가 좌우로 펼쳐진 듯하다.

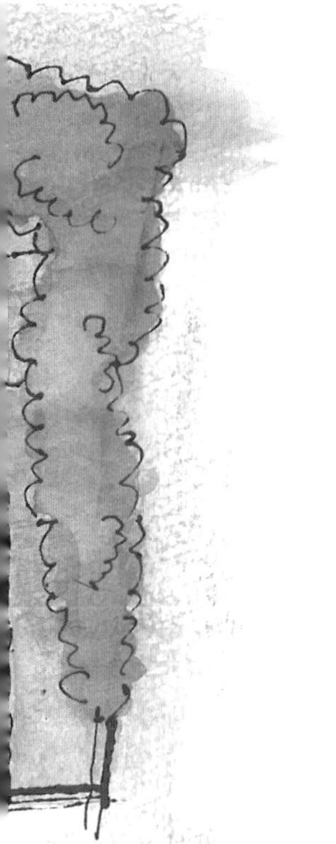

성주 한개마을

대구광역시의 서쪽 성주군 방향으로 30번 국도를 자동차로 달리다 보면 유유히 흐르는 낙동강 위 성주대교를 지나게 된다. 낙동강은 대구시와 경상북도의 경계선이다. 이곳을 지나며 고개를 들어 바라보면 멀리 가야산의 실루엣이 눈에 들어온다. 성주군 선남면 소재지를 지나고 우회전 길로 접어들면 곧 기와집, 초가집이 모여 있는 한개마을을 만나게 된다. 마을 앞의 노란 은행나무가 이정표인 듯, 마을의 수백년 역사를 지키며 서있다.

마을의 시작

경상북도 성주군 월항면 대산리에 소재하는 한개마을은 중요민속문화재 제255호로 지정된 전통마을이다. 마을이 번창했을 때는 100호가 넘었다고 하나 지금은 70여 호가 남아 있다. 한주종택, 월곡댁, 북비고택, 교리댁, 하회댁, 극와고택, 진사 댁 등 일곱 고택은 경상북도 민속문화재로 지정되어 있다. 마을에서 가장 먼저 하회댁이 1750년경에 지어졌으며 교리댁, 북비고택, 한주종택은 1700년대 후반에, 다른 큰 한옥들은 1800년대에 건축되었다. 건립 시기와 집의 주인에 따라 배치와 평면 공간 구성이 각각 개성을 달리하고 있다. 6.25 전쟁으로 여러 채의 한옥이 파손되고 완전히 소실되기도 했다.

한개마을은 조선 세종 때 진주목사를 역임한 이우李友가 1450년경에 입향한 이래 600여 년을 내려오면서 성산 이씨星山李氏가 모여 사는 마을이며, 성산 이씨의 씨족마을로 번성한 것은 17세기 중엽부터이다. 구한말 성리학자 이진상을 비롯하여 응와 이원조 등 예로부터 이름난 학자가 배출되었으며 근 현대에 와서도 정계, 재계, 학계에 훌륭한 인물들이 배출되었다.

마을에는 살림집만이 아니라 첨경재, 월봉정(한천서당), 서륜재, 일관정, 귀락정(여동서당) 등 다섯 동의 재실이 있다. 마을의 좌우 외곽에 지어진 이 재실들은 서당을 겸했다. 특히 한주寒洲 이진상이 학문을 닦고 선현을 모시며 살았던 한주종택 한주정사에서는 선비마을로서의 품격을 잘 느끼게 한다.

한개마을이라는 이름은 예전에 큰 포구가 있었다 해서 붙여진 것으로 한자 이름은 대포리大浦里이다. 큰물이 드나드는 곳〔浦〕이라는 순우리말로 '큰 포구 마을' 이다.

지금의 마을 형태를 봐서는 물과 관련이 없어 포구 마을이라는 이름이 다소 의아하게 여겨진다. 한개마을 높은 윗마을에서 내려다보면 서쪽에서 흘러 동쪽 낙동강으로 흘러가는 작은 하천 백천白川과 이천伊川이 보인다. 근대에 둑을 쌓기 전 강물이 많을 때는 바로 마을 앞까지 강을 이루어서 배가 근접하는 큰 포구였다는 이야기는 전설처럼 까마득하기만 하다.

전저후고, 풍수지리

마을 전체를 살펴보면 북쪽이 높고 남쪽이 낮은 전저후고前抵後高 지형을 이루고 있다. 대체적으로 어느 집이나 남향으로 햇빛이 잘 들고 전망이 트여 있다. 그 높낮이는 땅의 고저 차이만이 아니라 지체, 신분, 가문의 위계를 나타내기도 한다. 아랫마을 평지에는 노비들과 평민들의 초가집이 있고 지형이 높은 윗마을에는 양반집으로 대문채와 사랑채, 안채와 부속채 들이 대지 특성에 따라서 위쪽으로 배치되어 있다.

마을 뒤로는 소백산맥에서 뻗어 나온 영취산靈鷲山 · 332m이 솟아 있고 좌청룡 우백호 지세 흐름은 마을을 감싸고 있다. 먼 북쪽에서 흘러내리는 백천과 서쪽에서 흘러드는 이천은 마을 앞 어귀에서 합수(득수)해 동남쪽 낙동강으로 흘러 들어간다. 풍수지리학으로 길지라 일컫는 요소들을 지니고 있는 형국이다.

안동 하회마을과 경주 양동마을은 '한국의 역사마을' 로 2010년에 유네스코 세계문화유산에 지정된 민속마을이다. 두 마을에 비해서 한개마을은 널리 알려지지 않았다.

하회마을은 산이 없고 강이 마을을 감싸 도는 굽도리의 평지형 마을이다. 강 건너 부용대에 올라서야 연화부수형 마을 전체를 내려다 볼 수가 있다. 지형 높낮이에 따른 위계가 없다. 양동마을은 산마루 위에까지 집들이 앉아 있다. 마을 집들을 다 살펴보려면 등산하듯 능선을 돌아다녀야 한다. 아랫마을 윗마을 높이에 따라서 양반 평민 노비의 편차를 보여주는 마을이다. 한개마을도 양동마을처럼 윗마을에는 지체 높은 집들이, 아랫마을에는 지체 낮은 집들이 위치해 위계를 표현하는 마을이다.

마을의 구성

과거의 한개마을은 대체로 다섯 부분으로 나뉘었다. 주거지의 뒤쪽 중앙부를 한개 또는 윗마라고 부르고, 그 동쪽과 서쪽을 각각 동녘 서녘이라고 했다. 그리고 진사 댁 앞의 동서방향 길 주변은 도촌, 그 아래는 아랫막 또는 아랫마라고 불렀다. 서녘의 윗마에는 격식을 갖춘 가문 중 가장 번성하여 학문적으로 또 사회경제적으로 우월한 사람들이 살아 격식을 갖춘 한옥들이 많이 지어졌다. 그 밖에는 일반 민가들이 비중을 치지하고 있다.

마을 입구에서 곧바로 보이는 큰길 편이 서녘길이다. 이 길을 따라 오른편으로 진사 댁, 교리댁, 응와종택, 북비고택, 마지막에 월곡댁이 배치한다. 산과 맞닿는 마을의 뒤 담장 끝에 서게 되면 전망대처럼 마을 전체와 멀리 백천이 흐르는 들판을 내려다보게 된다. 담장을 돌아서 마을 동편으로 내려오면 골목길 안 한주종택 한주정사가 있다. 도동댁, 극와고택을 거치면서 일반 민가들이 있는 아랫마로 내려오는 것이 마을 답사코스이다. 여름 골목길 흙담에는 붉은 능소화가 아름답고 아랫마 초입에는 최근 복원된 초가집과 새로 쌓은 돌담의 넉넉함이 조화를 이루고 있다.

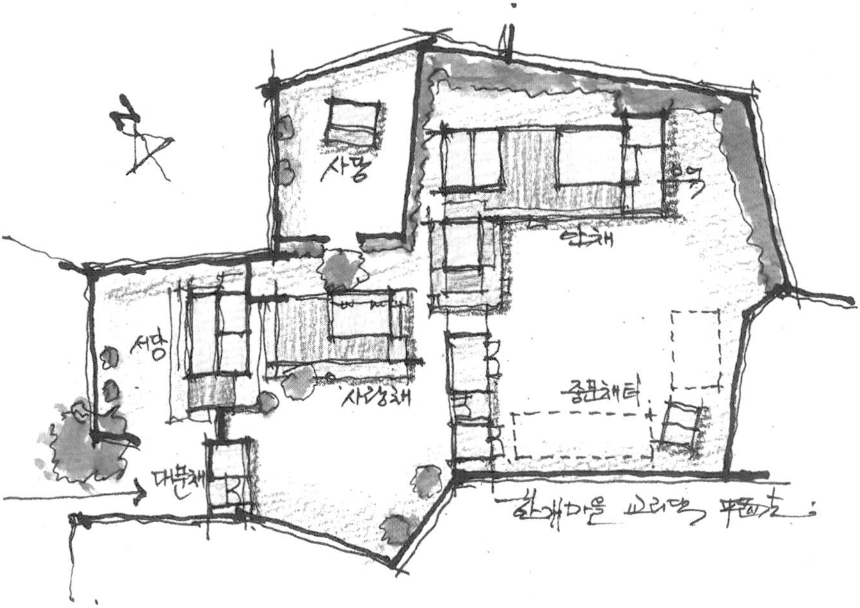

안채, 안마당 공간

이 마을의 공간을 구성한 중요한 특징은 여성 공간인 안채와 안마당이다. 한국의 여느 전통 집보다도 마을 공간에서 가장 멀리 그리고 집 안에서도 가장 깊숙이 배치한다. 주거지 끝에 위치한 한주종택과 월곡댁에서만 샛길이 생략되었을 뿐, 각각의 집들에서는 언제나 안길, 샛길, 사랑채, 안채의 배열순서가 지켜졌다. 이러한 연계 과정에서 안채가 가장 안쪽에 놓인다. 안채의 형태가 한주종택과 북비고택, 극와고택에서는 일자형이며 월곡댁과 교리댁에서는 ㄱ형, 하회댁에서는 ㄷ형으로 다양하다. 그러나 안채마당을 중심으로 여성 공간은 다양성을 추구하면서도 가장 폐쇄적으로 이루어져 있다.

진사 댁(경상북도 민속문화재 124호)

윗마을로 가는 길에서 오른편에 위치하는 진사 댁은 정조 22년(1798)에 지은 집이다. 한마당 안에서 안채는 기와집인데 사랑채와 새 사랑채는 초가다. 진사 댁의 매력은 새 사랑채의 특이성이다. 아래채 마당 왼쪽에서 진입하여 동쪽으로 돌아가면 안채를 만나고 그 왼편 한편에서 새 사랑채를 만나는 배치부터가 특이하고 자유분방하다. 본체건물은 둥근 기둥과 목재 부재들이 굵고도 견실한 모양새를 갖춘 기와집이다.

여성 공간인 안채와 남성 공간인 사랑채 역할인 듯한 아래채, 그 중간 영역에 배치하면서 새 사랑채라 부른 것은 가장 나중에 지어졌기 때문인 듯하다. 마루, 방, 창고가 각각 1칸씩 총 3칸이 ㄱ 자 형태 평면으로 구성된다. 멀리서부터 눈에 들어오는 비스듬히 구성된 卍 자 문살은 사찰에서도 보기 어려운 아주 개성적인 문살 디자인이다. 작은 누마루에는 계자난간으로 고상함을 갖추었고 한 사람 정도 누워 쉴 수 있는 바람 마루의 구성은 현대건축에서의 발코니를 닮았다. 방 안 한 벽면에 크고 작은 아기자기한 수납공간을 세 개나 만든 것도 이색적인 취향이다.

불심이 깊은 주인은 양반집 전통가옥 형식에 구애되지 않게 독창적으로 지었으니 자유로운 영혼의 소유자였으리라. 인문학 공부에 몰입하면서도 자유분방한 생각으로 지은 집이라 여겨진다. 문화재로 지정하여 보수할 때 기와집을 초가로 잘못 지었다는 속설도 있다. 편액처럼 자리한 방문 위 세한도 복사 액자가 유난히 눈길을 끈다. 집주인의 현실초월 풍류가 읽히는 집이다.

교리댁(경상북도 민속문화재 43호)

마을 위쪽에 위치하여 진입 과정의 대문에서부터 우아한 멋과 품위를 나타내는 집이다. 학자 벼슬을 상징하는 키 큰 회화나무 그늘에 어우러진 대문은 큰길에서 약간 오르막에 떨어져 있다. 대문과 이어져서 길게 뻗은 기와담장은 주위를 압도하고 있다. 외부적 품격부터 드라마틱한 요소를 보여주듯 벼슬 높은 집의 위상을 가장 잘 보여주는 집이다.

과거에 급제하며 심었다는 대문을 지키고 서 있는 홰나무는 가문의 번창과 오랜 역사적 시간을 말하고 있다. 대문 앞 상마석上馬石에 새겨져 있는 '雲西迎月운서영월', '구름은 서쪽으로 흘러 달을 맞이한다.'라는 낭만적인 글귀에서 주인의 품격이 드러난다.

영조 36년(1760)에 지어진 마을에서 가장 오래된 고택으로 집 창건주 이석구의 후손이 홍문관 교리校理를 지냈다고 한다. 이 집 배치는 3영역으로 구분된다. 대문채, 사랑채, 서재의 남자 공간과 안채, 아래채의 여자 공간이 중문채를 경계로 확연히 나누어진다. 그리고 사당 공간이 적당한 간격으로 서로 구분되어 배치되었다. 사랑채 뒤편 나지막한 언덕에 있는 사당은 일반 사당과는 달리 툇마루가 있는 별채로 단청 없이 소박한 정적 공간이다.

아기자기한 안채마당 화단에 있는 큰 잎줄기의 파초 모습도 흔히 보는 풍경은 아니다. 파초의 넓은 마른 잎은 글을 쓰고 그림을 그리는 화선지 대용이었다 하니 집주인의 풍류를 짐작케 한다.

집의 매력은 대문과 사랑채 사이에 붙어 있는 서재이다. 주인은 서재에 많은 책을 갖추어 두고 독서도 하고 글도 썼을 것이다. 조선시대 교리라는 직분은 집현전, 홍문관, 교서관, 승문원에 속하여 문필에 관한 일을 맡았던 문관벼슬로서 정5품 또는 종5품 벼슬이었다.

응와종택凝窩宗宅(경상북도 민속문화재 제44호), 북비고택

한개마을 성산 이씨의 발상지는 응와종택으로 경종 1년 처사 이이

신이 처음 이곳에 터전을 마련하였다. 영조시절 사도세자의 선전관宣傳官을 지낸 돈재공 이석문(이원조의 증조할아버지)이 낙향하여 살았던 집으로 북비고택으로도 불린다.

돈재공 이석문은 사도세자가 영조의 명으로 뒤주에 갇히자 그 부당함을 직언하다가 파직 당했다. 사도세자가 죽은 후 낙향하여 이곳에 아래채를 짓고는 평생을 은거했다. 남쪽으로 나 있던 대문을 뜯어서 한양이 있는 북향으로 문을 내고 매일 아침 읍을 올렸다. 뒤주에 갇혀 죽은 사도세자를 향한 충절과 그리움을 달랜 집으로 북비고택이라 불린다.

좌우 행랑보다 높게 설치한 솟을대문에 개판(문턱)이 없는데, 집주인 이원조 대감이 수레를 타고 다녔기 때문이라고 한다. '凝窩世家응와세가' 라는 현판이 붙어 있는 솟을대문을 열고 들어서면 오른쪽에 '北扉북비' 라는 현판이 걸린 사립문이 눈에 들어온다. 별도의 담장으로 구획돼 있는 아래 사랑채를 북비채라고도 한다. 4칸의 반듯한 집은 사도세자가 갇혀 죽었던 뒤주형상 그대로의 모습으로 지었다고 한다. 보통 남쪽이나 동쪽을 향해 문을 내는데 사립문이 북쪽으로 난 이 북비고택에는 사도세자에 대한 충절이 깃들어 있는 것이다. 후일, 손자 규진이 과거에 오르자 정조는 조부의 공을 칭찬하며 복권하게 한다.

전체적인 배치는 남자 영역인 대문채, 사랑채와 행랑채 중문채 안채 아래채로 안마당을 둘러싸는 여자 영역으로 구분되어 있다. 사랑채와 안채 사이의 높은 레벨에 사당이 배치된다.

집 바깥 산 아래에는 돈재 이공 신도비豚齋李公神道碑가 있다.

월곡댁(경상북도 민속문화재 제46호)

집 안에서 돌아다니는 길이 있을 정도로 대지가 넓고 규모도 크다. 사랑채, 안채, 별채, 사당의 네 영역으로 나누어져 있다. 지형의 기울기를 반영한 기단 위에 세워진 사랑채, 안채와 별채를 둘러싼 토석담이 특이하다. 사랑채에 오르면 백천이 마을로 흘러들어 오는 경관이 한눈에 보인다. 사랑채에서는 중문을 거치지 않고 안채에 들어갈 수 있으나 별채에서는 중문채를 거쳐야 안채를 드나들 수 있는 폐쇄적인 구조이다. 별채는 분가하지 않은 자녀들의 거처였으나 후일에는 소실의 거처로 사용되었다고 한다. 안채 앞쪽에 세웠는데 사방이 담으로 막혀 있어 폐쇄성이 매우 강하고 중문채 앞의 작은 협문으로만 출입할 수 있다.

월곡댁 뒤 담장을 따라서 산길을 오르면 마을 고택의 기와지붕 풍경이 펼쳐 보인다. 담장을 돌아서 내려오면 마을에서 가장 안쪽에 위치한 한주종택을 만나게 된다.

한주종택寒洲宗宅 (경상북도의 민속문화재 제45호)

한개마을에서 건축적 공간의 변화가 가장 많은 매력적인 집이다.

월곡댁 담장 뒤 산길을 내려오면 첫 번째 골목을 만나게 된다. 오른쪽으로 난 조용한 골목을 들어서면 2개의 대문채가 있다. 곧바로 보이는 대문으로 들어시면 구한말 구국운동독립운동가 이승희 생가인 한주종택이다. 이 집은 국가보훈처 현충시설로 지정되어 있다.

왼편에 안채는 대문채, 정침, 광채, 아래채가 ㅁ 형을 이루며 안마당을 감싸고 있다. 오른편에는 정자와 연못, 아래채 구역으로 나누어져 있다.

유학자인 이진상은 주자와 이황의 주리론을 중심사상으로 이일원론理一元論을 주장했다. 성주를 중심으로 하는 영남지역의 학풍을 이끌던 주문팔현洲門八賢이 주축이 되어 한주학파를 형성했다. 사랑채의 '主理世家주리세가' 현판을 비롯하여 곳곳에 편액이 걸려 있듯 철학사상을 적용한 집이다. 이진상의 아들과 손자들은 일제의 국권침탈에 저항하며 독립운동에 헌신한 독립유공자다.

한주정사寒洲精舍

한주종택의 별채인 한주정사寒州精舍는 조선 선비가 학문을 연마하고 풍류를 즐기는 격조 높은 집이다. 높은 석축 위에 세워져 있어 주변의 자연을 즐기고 멀리 경관까지 바라볼 수 있다. 앞마당의 고풍스러운 소나무와 정자 옆 공간에 배치한 네모반듯한 연못 쌍지雙池는 한국 전통정원의 아름다움을 독창적으로 나타내고 있다. 3칸 정면의 현판 '祖雲憲陶齋조운헌도재' 는 성리학의 비조鼻祖인 주희와 퇴계 이황의 학문을 사숙하는 곳이라는 뜻이다. 앞뒤로 트인 2칸의 대청을 가운데 두고 서쪽에 방 한 칸과 동쪽에 두 칸 방이 있고 동쪽 방의 앞 남쪽으로 높은 누마루가 이 집의 압권이라 하겠다. 앞마당에서 정사를 바라보면 활주가 받들고 있는 처마지붕은 마치 학의 날개가 펼쳐진 듯 우아한 자태이다.

한개마을
2020.02.

한주정사는 1960년대 최은희 김진규 주연의 영화 〈성춘향〉 촬영무대였다고 한다.

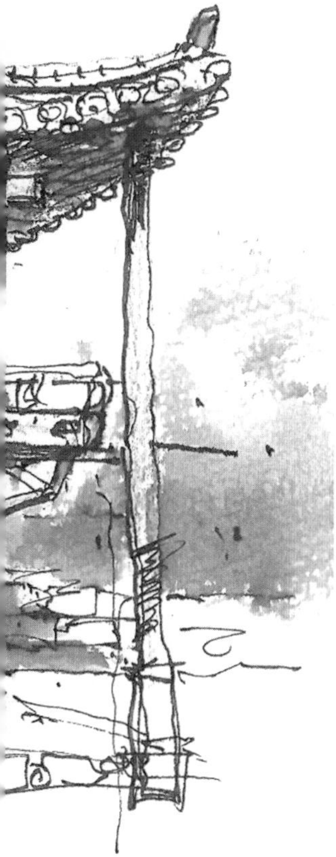

극와고택(경상북도 민속문화재 제177호)

사랑채는 초가임에도 평면 구성이 양반가옥과 같은 형태다. 자연석을 주춧돌 삼아 그 위에 기둥을 올린 안채의 댓돌에는 마음만은 만석꾼이라는 의미인 '萬石만석' 이라는 글자가 새겨져 있다. 이 가옥의 이름은 국권상실 후에 소복 입고 거적 깔고 살면서 두문불출한 극와極窩 이주희의 아호에서 따온 것이다.

하회댁(경상북도의 민속문화재 제176호)

1630년 건립으로 추정되는 조선 후기 양반주택으로 넓은 마당은 잔디가 깔려 있다. 사랑채와 정침正寢이 흙담으로 분할되어 남녀 공간 구분이 확실한 하회댁은 당시 살림살이를 보여주는 고방채가 특히 아름답다.

필로티 공간으로 비워진 건축, 달성군청사

의도된 공간성, 조형성 디자인으로 떠 있는 과감한 건축이다.
전면 진입부가 낮고 후면 남측이 높은 남고북저(南高北低)형 지형이다. 그림자 영역을 벗어나기 위해 하부를 필로티로 비워서 남향으로 트인 경관을 공유하고자 하는 설계 개념이다.

우리나라 지방자치제는 1991년 3월에 부활해서 어언 30년이 지났다. 자치제 정착으로 과거 관공서 건축의 몰개성적 이미지에서 벗어나 대외적 이미지를 바꾸고자 하는 변화가 있었다. 시민 의식과 생활 수준의 향상, 세계화 · 개방화 시대, 복지국가 사회정책과 함께 공공건축의 수준이 달라졌다.

외국의 도시들 특히, 오랜 역사를 지닌 민주국가의 시청사 관공서들은 시민광장과 함께 도시를 상징하는 랜드마크landmark가 되고 있다. 불행히도 우리나라는 과거 일제강점기, 6.25 동란, 개발도상국 등의 단절 역사와 숨 가쁜 시대를 지나오면서 근대도시 발달 과정은 생략되었다. 수많은 청사들은 일제강점기 통치 산물들을 그대로 사용해 오기도 했다. 우리의 기술로 변변한 건축을 세우게 된 지 불과 50여 년 정도이기에 역사성, 상징성, 공공성의 건축을 거론한 것은 최근의 일인 것이다.

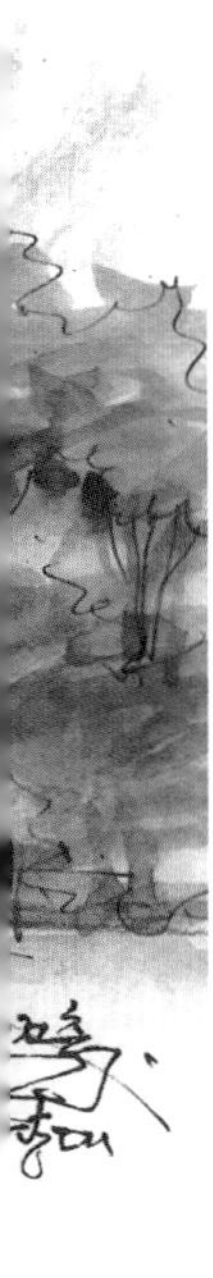

대구광역시에는 7구 1군이 있다. 시청사도 그러하지만, 구청사들은 관할 지역에 오랫동안 사용되어 온 기존 건물을 증개축하여 불편하게 사용되고 있는 실정이다. 달성군은 가장 늦게 대구광역시로 편입되면서 유일하게 현대적 새 청사를 갖추게 되었다.

달성達城, 달구벌, 대구大丘

대구시 외곽 낙동강, 비슬산을 배경으로 자리한 달성군은 경상북도 행정 관할이었으나 1995년 3월 대구광역시로 편입하였다. 과거의 달성군청은 37년 동안 남구(서부주차장 인근)에 있다가 2005년 5월 현재의 달성군 논공읍에 새롭게 건립되었다. 달성군청사 대구시청에서 30여 km 거리의 변방으로 도시 외곽 넉넉한 환경에 위치하고 있다.

달성군은 6개 읍 3개 면을 관할하며 도동서원, 사문진, 강정보, 대구경북과학기술원(DGIST), 국립과학박물관, 물 클러스터, 달성산업단지 등이 있어 과거의 전통, 자연적 환경, 교육연구, 산업단지를 아우르는 미래 신도시 이미지를 함께 갖추고 있다.

대구의 기원적 원천이요, 상징인 달구벌, 대구大丘를 뜻하는 '달성達城' 이라는 지명은 행정적 지명으로도 대구 중심이 되어야 함에도 달성군이 대구의 변방에 위치하는 것은 아이러니하다. 달구벌 원형原形 달성성곽이 있는 달성공원의 행정구역은 중구 달성동이다.

필로티piloti 랜드마크의 건축

달성군청사는 대구 시가지를 한참 벗어나 현풍 방향 5번 국도 왼편 한산한 9층 높이의 현대적 건물로 만나게 된다. 대지면적 49,793m^2에 연면적 24,406m^2는 구청사로서는 큰 규모이다. 이 지역은 군청사가 가장 먼저 자리하고 10여 년이 지나고서 주변 아파트 단지가 형성되었다. 주차 공간과 광장, 연못, 공원이 넉넉하게 계획되었고 남측의 비슬산 산세를 배경으로 하고 있다.

정형화된 유리 건물이 주변과는 차별되고 특별하게 보이는 것은, 건물의 하부 4개 층이 비워져 허공에 떠 있어 보이기 때문이다. 하부 기둥으로만 서 있는 필로티 건축은 다가구주택 등 도시에서 흔히 볼 수는 있다. 그러나 의도된 조형성, 공간성을 고려하여 4개 층의 오픈

필로티에서 뻗어 나온 옥외 연결 복도

필로티 디자인은 과감한 파격이다. 수년 전 포항지진 발생 시 필로티 건축은 일반인들에게는 불안전 부정적 인식으로 알려져 왔다. 그러나 기둥에 따른 부실시공의 문제이지 현대도시건축 요소인 필로티 시스템 자체에 대한 문제이지만 필로티 보강벽 설계가 검토되어야 한다.

달성군청사에서 저층부를 필로티로 설계한 것은 건축적 당위성이 있다. 전체 부지가 전면 북측 진입부가 낮고 후면 남측이 높은 남고북저南高北低형 지형이다. 보행자가 출입하는 북서측은 건물로 가로막혀 어두운 그림자 영역이 된다. 따라서 과감히 2, 3, 4, 5층을 필로티로 건물 중간을 비워서 전후면과 남향을 개방하여 밝음과 트인 경관을 공유하고자 하는 설계 개념이다.

자연, 주민 공간을 디자인하다

진입 마당에서는 트인 필로티 사이로 비슬산 산세로 채워진 경관을 바라보게 된다. 정면 좌측에 4층 높이의 의회 건물이 먼저 배치되어 있고 9층 높이 청사 오른편은 후생복지동(식당, 강당, 도서관, 예식장)과 수평 연결했다. 완충적 오픈 공간과 조형성으로 지형에 순응하고 있다. 상부층, 외부 테라스와 연결 복도 공간은 외부경관을 바라볼 수 있게 입체화시킨다.

진입 마당에서는 점층적으로 디자인 가벽을 통과하여 청사 민원실과 중앙 홀에 연결된다. 구청사 건축은 민원 홀 공간이 중심이다. 민원 홀은 1층 동선 가까이에 밝은 인테리어와 변화된 휴게공간이 일반적 추세이다. 이곳 민원 홀 상부에는 반원형 천창〔sky-light〕과 함께 상부층

민원 홀 상부의 반원형 천창(sky-light),
상부층의 open 계단과 void 디자인이 시각적으로 다양하게 연결된다.

의 open 계단, void 디자인 요소들이 시각적으로 연결되고 있다. 공공 업무시설 민원 홀과 분리하여 주민복지시설, 도서관, 공연시설, 카페테리아 등을 계획하여 지역적 배경을 고려한 중규모 청사의 새로운 모델을 제시하고 있다.

공공청사의 명明과 암暗

외곽 변방에 위치한 청사에 접근하기 위해서는 대다수가 자가용을 이용하게 된다. 하지만 주 진입 도로는 보행자 위주 계획으로 주차 공간이 고려되어 있지 않다. 기존 주차 공간들도 이미 포화상태에 이르러 4차선 도로변이 아예 불법 주차 공간화되어 버렸다. 도시 어디에도 주차 공간이 포화에 이르듯 여유로운 이곳에도 그러하다.

청사 아랫부분의 광장과 공원 연못은 변두리 입지를 선택하면서 갖게 된 여유로운 공간들이다. 강림지 인공섬에 높이 26m, 폭 21m 규모의 스테인리스 상징 조형탑과 광장이 있다. 달성군의 개청 100주 년을 기념하고 향후 100년 비상을 기원하는 기념 조형물 '100년 타워' 는 대구광역시를 형상화하며, 대구의 뿌리 달성을 상징하는 광장은 '100년 달성 뿌리광장' 이다.

청사 앞 광장에 과다한 기념비를 세우는 것은 적절한 것일지? 주변의 도시적 환경과 스케일에는 조화로운 것인지? 주민들에게 유익하고 편의를 위한 시설인지 공원과 연못 주변에 사람들이 보이지 않는 적막함이 아쉽다.

지자체의 청사 건립은 찬사보다는 비난을 받는 경우가 많았다. 과거 성남시가 호화청사를 건립 후 모라토리엄으로 재정 파탄한 사례도 있다. 용산구청 신청사는 실용성을 벗어난 상업적 과잉 디자인으로 비난받았다. 현상설계 공모 방식에 따르다 보면 뽑히기식 과잉 디자인과 에너지 손실, 기능성 문제로 비난을 받기도 한다. 한편, 공공청사는 예측할 수 없는 향후 미래를 대비하고 보면 현실적으로 과다규모 과잉투자가 될 수도 있다. 디자인 역시 미래를 지향하고 세계적인 경쟁력과 작품성을 갖추다 보면 종종 과다설계로 평가되기도 한다.

대구광역시의 당면 과제는 신청사의 건립이다. 대한민국 3대 도시 위상을 되찾는 당당한 위용의 청사, 미래지향적 상징성, 건축적 수준을 갖춘 새 청사가 건립되기를 시민들은 기대하고 있다.

영주의 건축과 도시재생

경상북도 영주시는 소백산 아래의 부석사와 우리나라 최초의 사액서원인 소수서원을 떠올리게 하는 선비의 고장이다. 지정학적으로는 내륙의 중심에 자리하여 과거 철도교통의 요충지로 기억되지만 지금은 인구 10만여 명의 지방 소도시이다. 최근 영주 시는 도시재생사업과 공공건축물을 체계적으로 통합 관리하며 아름다운 건축의 도시로서 관심을 받고 있다.

지방의 소도시들은 인구 감소와 마이너스 성장으로 위기에 처해 있다. 이에 더 아름답고 편리한 건축행정 시스템, 삶의 질을 추구하는 정책의 변화와 행정이 적극적으로 부응해야 한다는 모범사례를 보여주고 있다.

시는 타 도시에 앞서 도입한 총괄건축가 공공건축가 제도를 도입하여 좋은 설계자 선정과 완성도 높은 건축 품질을 관리해 왔다. 도시 재생, 농어촌뉴딜, 생활SOC사업 등의 국가지원 기회를 적극적으로 도입하였다. 결과적으로는 아름답고 편리한 현대적 건축으로 도시를 재탄생, 시민들에게 행복한 삶을 영주할 수 있게 하는 과정이었다. 영주시에는 20여 개 공공건축물이 도시 곳곳에 자리하고 있다. 공공건축물이 바꿔놓은 지금의 영주는 대표적인 건축 답사지역으로 부상하게 되었다.

풍기읍사무소(행정자치센터)

풍기는 인삼과 인견으로 잘 알려진 고장이다. 1914년에 풍기군이 영주군에 통합되면서 군청사에서 면사무소로 축소, 지금은 영주시 풍기읍사무소가 되었다.

새로 건립된 풍기읍사무소는 도시의 주요지점을 연결하는 도로들이 지나는 교차로에 위치한다. 교차로 입지성은 주민들이 자유롭게 드나드는 커뮤니티 장소로서의 기능성, 상징성, 조형성이 건축에 반영되고 있다. 과거 관공서 건물의 대칭성, 딱딱한 이미지와는 다른 모습이다. 낭만적인 카페 건물 같은 모습이 오히려 시민들에게는 생소하게 보일 것 같다.

마당을 앞에 둔 일반적인 건물 배치가 아니다. 바로 전면도로변에 건축물이 앉아 있고 주차 공간, 휴게 조경시설들은 뒷공간으로 물러나 있다. 건물의 출입구가 3개이다. 세 방향의 어느 면에서도 쉽게 접근할 수 있게 배려한, 문턱이 없는 관공서의 실천일 것이다. 정문 개념이 없이 길을 가다 필요한 대로 문을 열고 들어서면 바로 민원실 사무공간이다. 큰길 출입문을 열고 들어서면 바로 직원 책상을 만나게 된다. 민원대기 공간을 크게 넓혀서 편안하게 차를 마실 수 있는 사랑방 같은 공간으로 만들어 주민들을 배려했다.

2층 건물을 위에서 내려다보면 3면 모두가 개방되어서 사람 인人자, 또는 Y 자 형태이다. 2층에는 여느 동사무소처럼 예비군 본부 회의 다목적실이 있다. 특이한 점은 자연스럽게 몇 부분으로 나누어진 옥상의 데크 공간이다. 남원천이 내려다보이는 전망데크, 전시를 위한 벽면을 가지는 전시데크 등 테마를 가지는 데크 공간을 계획하였다. 각각 별도의 동선을 만들어 읍사무소가 운영 외 시간에도 주민들이 활용할 수 있게 배려하였다고 한다. 변두리에 위치하는 동사무소의 옥상 공간이 주민들에게 얼마나 유용한 공간일까에 의문이 들지만 버려두는 것에 비하면 분명 새로운 공간이다.

마당의 휴게 파고라(그늘막) 지붕구조물은 태양광 패널로 만들어졌다. 일반적으로 건물 옥상에 무작위로 설치되어 경관을 저해하던 태양광 패널구조물을 지상에 안정되게 설계하였다. 주차 공간은 한곳에 치우치지 않고 출입구 가까이에 분산 계획하여 사용자를 배려하였다.

부지 6,311㎡, 건물 1,332㎡의 지상 2층 작은 규모의 건축은 공공디자인대상 우수상, 한국농어촌건축대전 대상을 받았지만 이런 지적도 있었다. 품격과 상징성을 갖춘 건축인가? 읍민의 의사와 지역의 역사성을 반영한 백년대계의 건축인가?

노인종합복지관

영동성, 중앙선, 북영주선 철도가 지나가는 교통의 요충지 영주에서도 철로가 교차하며 갇힌 지역이 바로 삼각지마을(영주시 원당로 52번길)이다. 오랜 시간 동안 고립되어서 소외된 모퉁이에 새로운 건축물이 들어서며 이 일대의 환경이 변화하게 되었다. 단절되어 있었던 삼각지마을에 철길 아래로 연결도로가 개설되고 노인종합복지관, 장애인종합복지관 등 공공시설들이 건립되며 지역문화공간으로 재탄생했다. 외부 공간은 공원 및 광장, 주차장, 물놀이시설, 공중화장실 등 공공시설들이 생겼다. 노인종합복지관은 실내수영장과 함께 2016년 김수근 건축상 프리뷰상을 수상했다.

인구 감소에 대비하여 보면 상대적으로 고령 인구 비율이 증가했다.

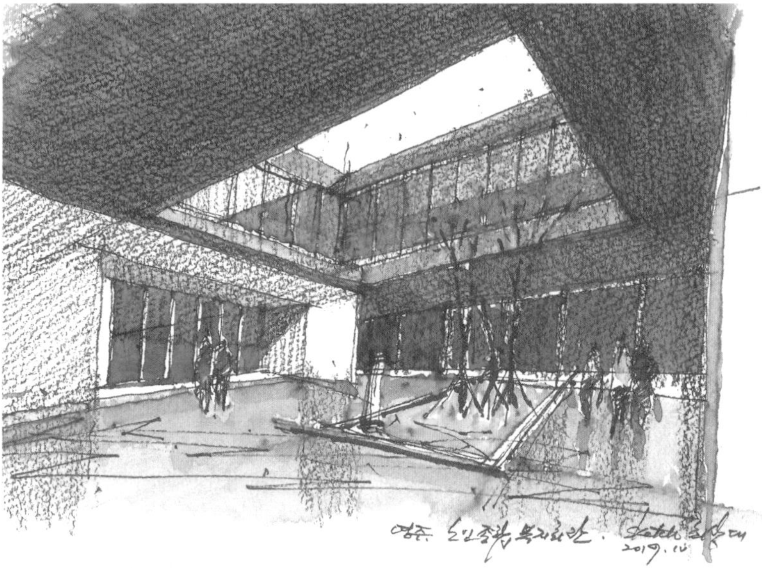

따라서 노인을 배려하는 시설의 건립이 지방 소도시의 당면 과제이다. 노인복지관 건축은 동네 그 자리에 있었던 마을의 골목길을 자유롭게 드나들던 정겨운 일상이 재연되도록 한다. 노인을 의식한 시설 공간에서 탈피하여 북카페, 식당, 공연장 등을 폭넓게 배치하고 문화 예술프로그램을 통해 시민들과 함께 어울리는 시설이 되도록 했다.

노인복지관 건축은 바로 뒷면 철로 위 열차를 연상시키듯 간결 단순하면서도 현대적이다. 노인시설 공공기관이라고 볼 수 없을 정도로 말끔하고 세련된 건축 형태와 이미지는 파격적이기도 하다. 전면 광장에서 바라보면 크게 2개가 서로 다른 매스의 나열이다. 단순한 수평 프레임의 1층 유리 건물과 목재 루버마감의 2층 필로티 건물은 팽팽한 긴장감과 도시적 세련미를 표현하고 있다.

노인복지관 1층에는 휴마당, 9988 휘트니스, 청춘마당, 감로당, 안내데스크, 사무실, 잔치마당이 있다. 지하 1층에 소백홀, 통통마당, 서고, 창고가 있으며 2층에는 어울림마당, 선비학당, 스마트학당, 어학당, 풍악당, 상담실과 사무실이 있다. 건물은 내부 중정을 둘러싸고 있다. 아래위 개방 공간으로 계단과 복도와 각 실로 연결되면서 평범하지 않게 변화된 공간을 연출하고 있다.

영주시 도시의 재생

과거의 도시 영주시를 미래 희망의 도시로 되살린다는 의미를 고려한 도시의 재생이다. 풍기읍사무소, 노인종합복지관, 장애인종합복지관, 보건소, 선비도서관, 실내수영장 등의 현대건축은 주민들의 생활을 향상시키고 도시를 변화시키는 중요한 콘텐츠이다.

광복로 일원의 영주 근대역사문화거리는 문화재청이 근대문화유산의 효과적 보존 활용을 위해 군산 근대항만역사문화공간, 목포 근대역사문화공간과 함께 조성된 그야말로 과거 도시의 재생이라고 할 수 있다. 복원된 중앙시장, 영주동 근대한옥, 영광이발관, 풍국정미소, 제일교회, 영주역 및 관사를 답사하기 위해 주말이면 많은 외지인들이 영주를 찾고 있다. 영주의 건축은 뚜렷한 양면성을 지닌다. 근대역사문화거리에서는 사라져 가고 있는 100여 년 전 번성했던 과거의 영주를 보전하고 있다. 또한, 새롭게 조성된 공공시설들에서는 앞으로 살아가야 할 정주定住 도시로서의 희망을 보여주고 있다. 그 시간과 공간 사이에는 달리 채워져야 할 틈새도 분명히 있을 것이다.

2
건축, 예술로 피어나다

복합문화예술 공간, 대구문화예술회관

공연예술 도시의 품격, 대구오페라하우스

근대 건축의 선線 - 대구근대역사관

구미문화예술회관, 건축가 김수근

아평지 옆 미술관 - 경주 솔거미술관

시네마 천국, 부산 영화의 전당

칠곡 향사아트센터의 건축

복합문화예술공간,
대구문화예술회관

이름 그대로의 대구문화예술회관Daegu Culture&Arts Center은 대구의 종합적인 문화예술공간이다. 대공연장, 소공연장, 전시실, 국제회의장 등 총체적인 공간은 1990년 5월 개관하였으니 어연 20여 년이 되었다. 지금은 오페라하우스, 콘서트홀, 대구미술관 등의 전문화된 시설들이 독립적으로 세워졌고 각 구청 지자체와 대학에도 아트센터, 예술관, 공연장들이 건립되어 그 역할과 기능들은 분산되고 다양해졌다.

대구문화예술회관은 시설 기능적 역할만을 하지 않는다. 두류공원, 성당못과 가까운 위치에서 넉넉한 휴식 공간과 시민공원으로서 안식처 역할까지 하고 있는 것이다.

대구문화예술회관 로비라운지, 소규모의 문화행사 이벤트가 열리는 공간

두류산, 성당못의 유래

두류산과 성당못에는 흥미 있는 역사적 유례가 있다. 이곳 두류산은 역사적 기록에 의하면 산이 두리뭉실하게 펼쳐져 있다고 해서 두리산이라고 불렀다. 이름을 한자로 바꾸면서 두류산頭流山이 되었으며, 현재 성당못 둘레의 산책 데크 길을 성당못 두리길이라고 지었다고 한다.

옛날 이 일대를 성댕이, 상댕이라고 부르다가 1910년대부터 행정지명 성당동이라고 불렀으며 동네 이름을 따서 성당못이 되었다. 성당못이 있던 자리에 조선 중엽 채 씨 성을 가진 판서 집이 있었는데, 국풍(나라풍수)이 지나가다 보니 이 자리는 장차 임금이 태어날 명당이라 하여 이 터에는 집을 짓지 못하도록 연못을 만든 것이 바로 지금의 성당못이 되었다는 스토리가 있다.

문화예술회관의 설계

1978년 서울 세종문화회관이 세워지면서 전국의 도시와 지역에 문화예술회관이 건립되기 시작하였다. 그 이전의 시민회관은 국경일 기념식, 반공궐기대회, 미스코리아대회 등의 행사를 치르는 복합 다용도시설 공간이었다. 경제수준과 문화욕구가 높아지면서 지역 도시에도 문화예술회관을 건립하기 시작하였다. 도시와 지역을 대표하는 규모와 위상의 문화예술회관 건물은 유명건축가의 설계로 지금까지도 그 지역의 대표적 건축으로 남아 있다.

그 대표적인 예로 김수근 건축가의 구미문화예술회관, 김중업 건축가의 진주문화예술회관, 대구문화예술회관은 지역건축가 후당 김인호 건축가의 작품이다. 건축가들은 작고하였지만 문화예술이 살아 숨 쉬는 건축은 시민들과 함께하고 있다. 대구문화예술회관의 공연장 형태는 승무를 추는 박사薄紗 고깔 이미지를 연상했고 전시장 배치 평면은 농악놀이 상모 이미지라고 설계자 후당 선생께서 생전에 말씀하셨다.

입구 출입현관과 외부계단

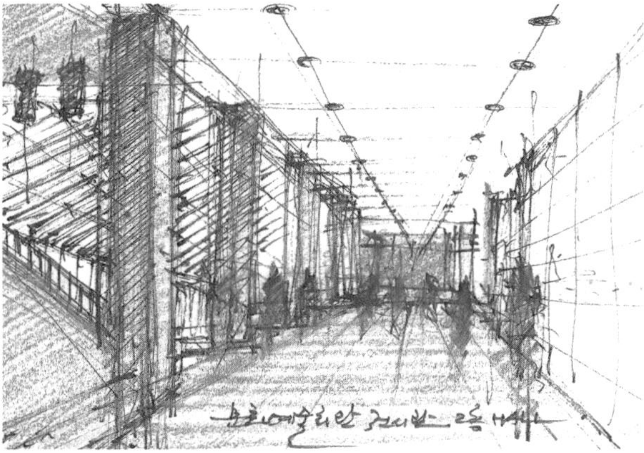

전시관 2층 회랑 공간

대구문화예술회관은 1981년에 기본계획을 시작으로 1983년 착공, 1990년 5월에 개관했다. 시설 규모는 부지면적 66,100㎡에 공연관 5,929㎡, 전시관 13,636㎡ 규모이다.

내용으로는 13개의 전시관과 콘서트와 오페라, 뮤지컬, 발레 등 다양한 무대 공연이 개최되는 1,090석의 공연장인 대극장 팔공홀, 320석의 소규모 공연장으로, 독주회와 실내악 연극 특강 등에 사용되고 있는 소극장 비슬홀이 있다. 이밖에도 관람석 700석으로 야외 음악회나 마당놀이 공연이 가능한 야외공연장, 2000년 9월 개관한 1080석의 계단식 좌석의 야외 공연장인 코오롱야외음악당이 있다. 코오롱야외음악당은 잔디 광장도 사용할 경우 27,000명을 수용할 수 있다. 대구시 부지에 코오롱그룹이 건설해서 기증해 이런 이름이 붙었다.

공연관 후면에 2개동의 예련관藝鍊館 건물은 예술 준비, 연습 공간, 예술 관련단체를 위한 공간으로 활용되고 있다.

신개념 전시, 공연기획

국내 3대 비엔날레로 평가받는 대구사진비엔날레를 대구문예회관이 개최하며 문화체육관광부와 예술경영지원센터의 평가결과 우수등급을 받았다. 유럽 베를린으로 진출해 '대구사진비엔날레 인 베를린'을 개최했다.

전시관에서 보는 오페라 〈움직이는 미술관 오페라 라 트라비아타〉 공연기획으로 큰 호응을 얻기도 했다. 5개 전시실 전관을 무대로 사용, 각 전시실의 막과 막 사이를 이동하면서 공연을 보는 〈움직이는 미술관 오페라 라 트라비아타〉는 파격적인 실험성과 공연기획의 새로운 패러다임을 제시하며 복합문화공간으로서의 특성을 살려서 새로운 형태의 공연 장르를 개척하고 있다.

공연장 로비

광장에서 바라보는 전경

공연예술 도시의 품격, 대구오페라하우스

대구오페라하우스 전경

15C 이탈리아 밀라노에서 시작된 오페라는 공연예술의 꽃이라 일컬으며 시간과 공간을 초월하여 현대에도 사랑을 받는 예술 장르이다. 오페라하우스는 여느 문화시설보다도 큰 건축비용을 감당해야 하는 건축이며 품격 있는 문화예술 도시가 갖추고 싶어 하는 최종적 문화공연시설이다.

건축의 비용 외에도 음악을 중심으로 한 문학, 연극, 미술, 무용 등 모든 예술이 망라되는 종합무대 예술로서의 다양한 인프라와 고비용의 공연 제작비가 투여된다. 궁극적으로는 공연을 소비하고 즐길 수 있는 관객이 확보되어야만 오페라하우스가 존재할 수 있다. 그래서 콘서트홀은 있지만, 오페라하우스를 갖춘 도시는 세계적으로도 그리 많지 않은 것이다.

오페라하우스의 원형으로 일컫는 19세기에 지어진 파리오페라하우스는 세계 4대 뮤지컬로 잘 알려진 〈오페라의 유령〉의 배경이다. 당시의 오페라하우스는 경제적, 정치적 기반을 지닌 부류들의 정체성을 예술로 포장하는 고급 사교장이었다. 오페라하우스 건축은 이의 중요한 수단이어서 부르주아 양식bourgeois style이라는 사조가 태어나는 계기가 되기도 했다.

명품건축, 명품도시

명품 오페라 공연과 건축을 보기 위해서도 사람들은 그 오페라하우스가 있는 도시를 찾는다. 따라서 현대 도시들은 문화예술도시 브랜드를 위해서 명품건축물인 오페라하우스 세우기가 중요한 프로젝트가 되고 있다. 세계 최고 최대 규모의 링컨센터 메트로폴리탄오페라하우스, 2008 베이징 올림픽 때에 건립한 베이징대극원, 세계에서 가장 아름다운 건축이라 말하는 시드니오페라하우스는 오페라 관람보다는 명품건물 자체를 관람하기 위해 세계관광객들이 모여들고 있다.

호주의 명품건축물 시드니오페라하우스의 탄생에는 순탄치 않은 위기와 특별함이 있었다. 1957년 세계 현상설계 심사에서 당선작이 없어 재심과정에서 1차 탈락한 작품이 한 심사위원 눈에 띄었다. 재심사 결과 극적으로 덴마크 건축가 요른 웃존의 작품이 최종 선발되면서 빛을 보게 되었다. 바닷바람이 가득 찬 하얀 돛대 모양을 형상화한 독창적 설계는 막대한 건축비로 난관에 부딪친다. 자금 조달을 위해 호주 정부는 복권을 발행한다. 축소 설계변경을 거부한 건축가가 사임하며 호주 입국조차 거부당한다. 4년 예정이었던 공사는 15년 만에 완공된다. 1973년 개관 이래, 세계에서 공연이 가장 많이 열리는 예술센터가 되었고 건축가는 2003년 프리츠커상을 받았다.

대구오페라하우스

대구오페라하우스는 2003년 8월 건립하며 서울 예술의 전당(1993년 건립)에 이어서 국내 두 번째 오페라 전용 극장으로 탄생하였다.

로비 라운지, 화려한 내부 불빛은 도시의 문화적 활기로 나타난다.

단일공연장으로는 국내 최초의 오페라 전용 극장이다. 부산오페라하우스가 북항 바닷가에 명품건축을 목표로 추진 중이다.

대구오페라하우스는 세계적 오페라하우스에 비견할 수는 없지만, 작품성으로는 결코 밀리지 않는 오페라 공연을 비롯하여 음악회, 뮤지컬, 발레 공연으로 시민들에게 오페라 예술의 대중화를 이루어왔다. 대구시가 2017년 유네스코 세계 음악 창의 도시로 선정된 것도 대구오페라하우스가 매년 개최하고 있는 대구국제오페라축제와 대구국제뮤지컬축제의 성과 때문일 것이다.

건축의 형태, 공간

오페라하우스는 과거 제일모직 부지의 남서 방향 한편에 자리한다. 남측 도로 호암로에서 바라보는 건물 지붕의 형상은 그랜드 피아노 곡선의 실루엣으로 나타난다. 그 형상은 상징 로고 도안에도 나타나 있다. 건물 동쪽의 진입광장에서 만나게 되는 정면은 가벼운 유리 곡면 커튼 월(유리벽) 입면이다. 피아노 곡선 지붕선과 함께 전체적으로는 유연한 리듬을 표현하고 있다. 보아왔던 엄격한 대칭형 정면이나 육중한 화강석의 견고함이 아닌 자유분방한 현대적 디자인이다. 개관 후, 건물에 대해서 질문을 받기도 했다. '너무 가볍고 상업건물처럼 보여서 문화예술 건축 이미지에 합당한가?' 당시 오페라라고 하면 유럽의 고전적 건축을 보아왔고 국내 문화시설들은 중후하고 대칭적이고 엄격한 건물 표징에 익숙하기 때문이리라.

문화시설, 특히 공연장 건축에서는 개방적인 로비 라운지 공간과 외부 광장은 중요한 기능을 한다. 외부와 시선이 오픈된 로비 공간의 화려한 불빛은 도시에 활력을 발산하게 된다. 공연 전과 중간 휴식 시간에는 사람들을 만나 반가움을 나누고 대화하는 문화적 부르주아 bourgeois 공간이 된다. 광장은 만나서 모이고 머무르고 흩어지는 도시의 가변적 공간이다. 공연장의 인원과 건축의 규모에 상응하는 외부의 광장 공간(open space)은 이렇듯 건축의 품격이자 도시의 상징이 되는 것이다.

오페라는 청각과 시각을 동원하여 보고 듣는 공연이다. 1,508석의 대구오페라하우스 평면 형태는 말발굽 모양(horseshoe-shaped)이다. 무대를 중심으로 관람석을 가시거리可視距離 가까이 배치하기 위한 3방향 객석 형태는 전통적인 평면 구성방식이다. 2, 3, 4층의 객석 발코니는 유려한 곡선 디자인으로 내부 공간의 분위기를 이루는 주요소이다. 높은 천장의 원형 패턴과 함께 고전적이며 원형적 오페라하우스 분위기를 자아내고 있다.

대구오페라하우스는 지하 2층 지상 4층으로 대지면적 8,659.42㎡에 연면적 17,189.28㎡ 규모이다. 지하 1층에는 분장실, 연습실, 관현악단실, 휴게실 등 출연자 준비실로 구성된다. 지상 1층은 무대, 객석, 로비, 카페, 분장실, 조정실이 있으며, 지상 2층에는 객석 홀, 판매시설, 사무실이 있다. 지상 3층과 4층은 객석 홀, 연습실, 방송실, 음향실로 구성된다.

4개 층 객석 발코니는 곡면 디자인으로 우아한 고전미를 나타낸다.

삼성, 제일모직, 오페라하우스

오페라하우스의 탄생은 삼성그룹과 관계가 있다. 이 장소는 삼성그룹의 모태인 과거 제일모직의 터전이다. 1996년 제일모직이 구미시로 이전하면서 이 장소에 문화공간 건립을 약속하였고 삼성은 2003년 오페라하우스를 건립하여 대구시민에게 돌려주었다. 2000년 11월 착공, 당시 40여 억 원의 예산으로 2년 9개월 만에 완공된 대구오페라하우스는 기업 예술후원의 모범적 사례이다. 2003년 8월 7일 창작 오페라 〈목화〉를 첫 공연으로 첫해부터 대구국제오페라축제를 개최했다.

오페라하우스 부지를 제외한 영역은 삼성창조캠퍼스로 조성되었다. 제일모직 본관을 비롯하여 기숙사 건물을 리모델링한 작가 창작 공간이 있다. 삼성의 출발점인 삼성상회 복원 건축 등 일부 현대적 시설과 함께 시민공원으로 조성되어 있다. 삼성 창업자 호암 이병철의 동상이 오페라하우스 광장 북측에 있었다가 창조캠퍼스 안 삼성상회 곁으로 옮겨졌다. 남측의 전면도로는 '호암로' 로 명명되었다.

근대건축의 선線 -
대구근대역사관

대구 근현대사를 한눈에 조명할 수 있는 대구근대역사관.
일제강점기의 근대건축을 재생하여 원형이 잘 보존된 건축이다.

언젠가부터 복고 바람이 불어 오래된 골목길과 오래된 건축들이 도시의 자랑거리로 등장하기 시작했다. 그동안은 재개발 재건축의 경제적 가치에서도 밀려나 소외되었고 버려지듯 관심에도 없었던 동네와 장소들이었다. 지금에서 보면, 다행히도 일찍이 철거되거나 사라지지 않아 늦으나마 비로소 그 가치를 발하게 된 것이 다행스러운 일이다.

거품경제의 우려 속에 현실적 개발방식으로 떠오른 것이 도시 재생과 건물의 리노베이션renovation이다. 낡고 오래된 건물을 철거하고 새로이 신축하는 것만이 능사가 아님을 깨닫고 시간의 켜가 쌓여 있는 오래된 길과 낡은 건물에서 스토리를 찾고 가치를 발견하기 시작한 것이 불과 10여 년 전이다.

도시의 변화 속에서 살아남은 과거 세월 속의 건축들은 근대건축으로 보존의 대상이 되기도 한다. 대구문학관 향촌문화관으로 재탄생한 옛 상업은행 건물은 1976년에 세워진 50여 년이 채 안 된 건물이었다. 콘서트홀로 재탄생한 시민회관은 1975년에 세워졌다. 1923년에 지어진 전매청 담배창고(KT&G)를 리노베이션한 대구예술발전소 건물은 100여 년 전의 건축이다.

대구근대역사관

경상감영공원 서편에 위치하고 있는 대구근대역사관은 대구의 근현대사를 한눈에 조명할 수 있도록 조성된 작은 박물관이다. 이 건물은 1932년에 조선식산은행(구 산업은행) 대구지점으로 세워져 1954년부터는 한국산업은행 대구지점으로 사용된 건물로서 86년 전 일제강점기 시대의 근대건축물을 역사관으로 리노베이션한 것이다. 원형이 잘 보존된 건축물로 2003년 대구시 유형문화재 제49호로 지정되었고 대구도시공사가 2008년 사들여 대구시에 기증, 대구근대역사관으로 새롭게 개조하여 2011년 1월에 문을 열었다.

역사관 규모는 1971㎡이며 1층 상설전시실, 2층 기획전시실, 체험학습실, 문화교육실을 갖추고 있다. 상설 역사관은 19세기 후반에서 20세기 초 대구의 생활 풍습 교육 문화 등을 전시하며 모형과 영상으로 보여준다. 서울 광화문 건너편의 대한민국역사박물관을 비롯하여 우리나라에는 다양한 근현대사박물관 97개가 등록되어 있다.

건축의 요소

대구근대역사관 건축은 구 서울역, 구 중앙청과 유사한 르네상스 건축양식으로 분류하고 있다. 르네상스의 본고장인 유럽과 이태리의 건축과는 비교할 바 아니지만 건축 일부분의 요소와 분위기로서 분류하는 방법일 뿐이다. 일찍이 서양문물을 받아들이고 유럽에서 유학한 일본 건축가들이 조선식민지에 통치적 건축을 세우면서 대칭적 위엄과 상부 돔을 올린 건축방식들이 곧 르네상스와 고전주의 양식을 차

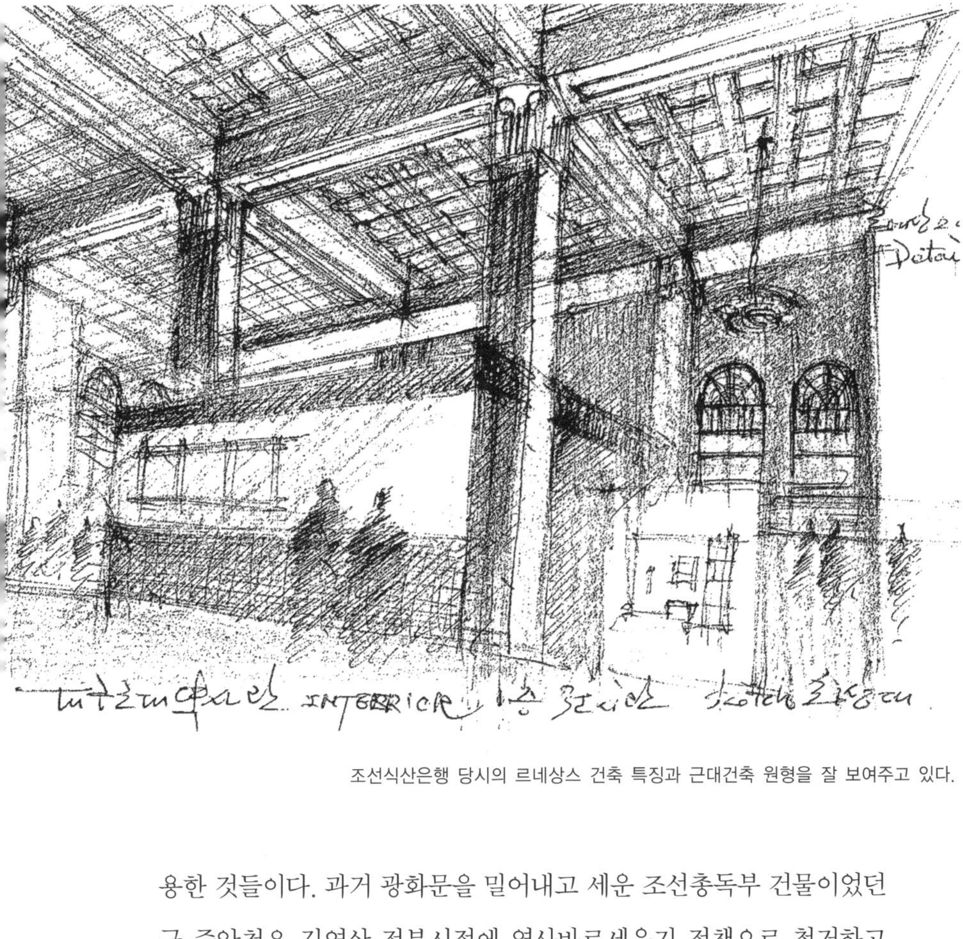

조선식산은행 당시의 르네상스 건축 특징과 근대건축 원형을 잘 보여주고 있다.

용한 것들이다. 과거 광화문을 밀어내고 세운 조선총독부 건물이었던 구 중앙청은 김영삼 정부시절에 역사바로세우기 정책으로 철거하고 다시 광화문을 복원하기에 이른다.

대구근대역사관 건축은 르네상스 양식을 은행건축답게 화려하지 않고 단순하게 처리하여 출입구 전면부의 장식, 수평 띠의 강조 지붕 장식 코니스 요소들이 아직도 원형 그대로 남아 있다. 건축의 특징들은 내부에서 잘 드러난다. 1층에 들어서면 조선식산은행 당시의 금고 구조형태를 그대로 보존한다. 현대건축에서는 볼 수 없는 기둥 보 계단부분의 구조적 디테일은 근대건축의 우아함과 실용적 디자인을 보여주는 건축박물관이다.

근대건축, 선線을 논하다

지난겨울 근대역사관에서는 '근대건축, 선을 논하다展' 이라는 기획 전시가 열렸다. 대구뿐 아니라 전국 곳곳에 근대건물들과 사라진

현 콘서트홀 과거 시민회관 자리에 있었던 대구방송국 KG홀 건물.
대구 최초의 공연장과 전시장이 있었다.

옛 건물들의 사진과 관련 유물들을 소개하였는데 대부분 구한말과 일제강점기에 지은 근대건물들이었다. 남아 있는 건축들은 대부분 문화재로 지정, 보존되고 있어 한국근대건축의 변천 과정을 알 수 있는 전시였다.

대구의 근대건축 가운데 옛 대구역(1913), 조선은행 대구지점(1920), 미나카이三中井백화점(1934, 북성로 대우주차장 위치)과 같이 사라진 근대 건축물들과 계산성당(1902), 대구경찰서(1908), 대구우체국(1912), 대구부립도서관(1924) 등의 모습이 있었다. 계성학교 핸더슨관을 설계한 미국인 선교 건축가 보리스William M. Vories가 우리나라와 일본에 남긴 건축물들은 일본과 우리 땅의 근대건축물의 유사성을 보여준다.

르네상스 석재 건축들이 관공서, 은행 등 고급건축이었다면 붉은 벽돌 건축은 공장, 창고, 학교 건축으로 우리들 기억 속에 아련히 남아 있다. 삿포로 홋카이도에서 흔히 보이는 아까랭카라고 일컫는 개항기의 붉은 벽돌 건물들은 지금도 곳곳에 남아 있어 인천, 군산, 부산 등지에 문화공간으로 재생되어 있다.

과거의 근대건축물들은 일제강점기의 흔적이라는 점에서는 철거해야 할 정도로 부정적이었다. 그러나 이 또한 역사의 현장이자 교훈의 대상이므로 철거하거나 없애지 말아야 했었다. 다행히도 대구근대역사관은 근대역사물 전시와 함께 건축 그 자체가 곧 근대역사물로 남아있다.

구미문화예술회관, 건축가 김수근

구미문화예술회관은 건축가 김수근 선생의 마지막 유작으로 지방도시 최초의 문화예술회관이다.
붉은 벽돌·건물 높이·크기·매스(mass)의 변화로 일률감을 탈피, 리듬감을 느끼게 한다.

1972년 화재로 소실된 서울시민회관의 자리에 1978년 세종문화회관이 세워지면서 전국의 도시와 지역에 문화예술회관이 건립되기 시작하였다. 복합문화시설인 문화예술회관은 그 도시와 지역을 대표하는 규모와 위상의 건축물이다. 전국의 문화예술회관 건물들은 설계공모와 유명건축가의 설계로 건축 작품 수준을 유지하고 있으며 지금까지도 그 지역의 대표적 건축으로 남아 있다. 그 대표적인 예로 김수근 선생의 구미문화예술회관, 김중업 선생의 진주문화예술회관, 지역건축가 김인호 선생의 대구문화예술회관 등이 있다. 건축가들은 작고하였지만 건축은 문화예술로 숨 쉬는 생명력을 남기고 있는 것이다.

문화예술회관은 공연장, 전시장의 기능과 관련한 기관 단체사무실 등 문화와 예술 영역을 총체적으로 담고 있는 건축시설이다.

구미문화예술회관

고속도로 구미IC에서 내려 구미 시내로 진입하면 약 1㎞ 거리의 구미시청사 인근에 구미문화예술회관이 있다. 주변 건물들에 가려져 있지만 눈길을 끄는 성채처럼 붉은 벽돌의 문화예술회관은 도시의 랜드마크로 드러나 보인다. 1983년 설계하여 1989년 완성된 구미문화예술회관 건축은 건축가 김수근과 함께 이야기를 해야 한다. 이 건축은 1986년 타계한 김수근 선생의 마지막 유작이며 지방 도시 최초의 문화예술회관으로 기록된다. 타 도시보다 먼저 건립된 것은 당시 전자산업도시로서 도시가 번영한 데서 기인했을 것이다. 대공연장(1,211석), 소공연장(283석), 전시장(683㎡), 야외공연장 등을 갖추고 있다.

일반적으로 문화예술회관 건물은 장중한 화강석 외장의 건물인데 구미문화예술회관은 붉은 벽돌 건물의 집합체이다. 건물 높이와 크기는 점층적인 변화와 상승으로 딱딱하지 않은 리듬감을 느끼게 한다. 매스mass의 변화와 중간 높이 버트레스 매스는 붉은 벽돌의 양괴감을 감소시키며 다양한 내부 공간에 대한 호기심을 불러일으킨다. 높이와 크기를 줄이고 나누어서 친근감을 유발시키는 조형적 건축 디자인이다. 따라서 내부 공간의 크기와 높이는 일상적 건축에 비하면 낮고, 좁고, 답답하게 느껴지기도 한다. 그것은 건축가가 추구하는 인간적인 궁극 공간窮極空間의 표현이기도 하다.

전체적으로 3개 영역이 모여 있는 배치다. 대공연장, 소공연장 전시관은 각각 다른 방향축으로 배치되며 다른 크기와 높낮이로 어우러져 있다. 대공연장, 소공연장은 45도 각도로 이웃, 중간 영역을 공유하며 전시관은 2층 구조물 브리지로 연결한다. 전시관 1층 바닥은 레벨 높낮이로의 공간 변화를 주고 있다. 2층 브리지는 전면 진입광장에서 뒷마당을 건너보는 시퀀스와 마당 공간을 구분하는 역할을 한다.

공공건축은 시설을 상징하는 명칭과 심벌마크 로고를 중요하게 내세우고 있다. 구미문화예술회관을 상징하는 심벌마크는 건물 입면을 그대로 디자인화하여 마크를 보면 바로 건축형태를 떠올리게 한다. "성城 또는 지구라트를 연상시키는 반복적인 건축물의 형상에서 문화와 예술의 가치를 단계적으로 높이고자 했던 건축가의 의도를 엿볼 수 있다."고 설명한다.

매스(mass)의 변화는 붉은 벽돌의 양괴감을 감소시키며
다양한 내부 공간에 대한 호기심과 친근감을 유발시키는 조형적 건축 디자인이다.

건축가 김수근의 건축, 공간空間

건축가 김수근은 한국현대건축의 선구자적 건축가로서 독창적인 건축업적뿐 아니라 종합문화예술을 실천적으로 추구한 인물이다. 일본 유학생 시절 남산 국회의사당(실행되지 못함) 설계 공모에 당선되면서 한국 건축계에 화려하게 등장했다. 남영동 대공분실 설계 등 많은 군사독재 정부시절의 활동으로 비판도 있지만 독창성 있는 건축작품을 많이 남긴 건축가로 평가받는다. 프랑스 대사관(김중업 설계) 건축과 함께 한국 현대건축 베스트로 평가받는 원서동 '공간' 사옥(현재 아라리오 뮤지엄)은 설계실뿐 아니라 소공연장 갤러리 등을 갖춘 복합문화공간으로 문화예술의 산실이었다. 1966년 종합예술지로 창간한 월간 《공간(SPACE)》은 50년 국내 최장수 간행지다.

김수근의 건축에는 유달리 붉은 벽돌이 많이 사용된다. 그러나 벽돌의 본질인 벽돌을 쌓아서 구축하는 조적조가 아니라 내부 콘크리트의 표면을 위한 벽돌 마감 쌓기다. 벽돌 노출 쌓기로 밋밋한 표면을 도드라지게 구성한다. 성당·교회 건축에서는 벽돌을 거칠게 깨트린 파쇄면을 독창적 건축으로 표현하였다. 초기에는 노출콘크리트와 전통성을 표현하기 위해서 '공간' 사옥처럼 회색 전벽돌을 등장시키기도 하였다. 붉은 벽돌은 광장 마당에서부터 건축외장만이 아니라 건축내부의 벽과 바닥까지 사용해 재료와 색상에서 일관성을 보여준다.

구미시는 한국 현대건축사에 한 페이지를 장식한 건축물을 갖고 있는 것이다. 공연장 로비 홀 벽면에는 설계 당시 건축가의 콘셉트 스케치가 남겨져 있다. 안도 다다오는 자신이 설계한 건축물의 한 공간에 스케치와 모형 설계 도면까지 보관, 전시하고 있다.

2017년 4월, 건축가가 설계한 바로 이 건축물에서 '불멸의 건축가 김수근 건축전' 이 열렸다. 당시 전시회를 이러한 글들로 표현하고 있다. '김수근, 사이를 잇는 사람의 가치' , '빛과 벽돌이 짓는 시詩로 표현한 건축의 재조명' , '시간 공간 인간을 잇는 르네상스맨 김수근을 되돌아보는 전시' .

선생의 건축연구소와 간행지 이름도 공간空間, SPACE이듯 공간에 대해 다음과 같은 글을 남겼다.

"사람 사이에 사람이 있고, 시간人間 사이에 역사가 있고, 빈칸空間 사이에 알맹이 있다. 사람 인人 자 왼쪽은 남男이고, 오른쪽은 여女란다. 남의 획은 머리가 크고 여의 획은 아랫도리가 크다. 좌우간 사이間 있는 것 틀림없다.

간 없이 음악 없다. 음音이란 간間적분일 터이고 악樂이란 놀이의 적분일 것이다. 공간과 나 사이에 간 있고 공간과 너 사이에 간 있기에 너와 나 사이에 간 있다. 간 없이 집 없고, 집 없이 구구간九九間 없다."

- 김수근의 「칸間의 찬가」 중에서 -

아평지 옆 미술관 -
경주 솔거미술관

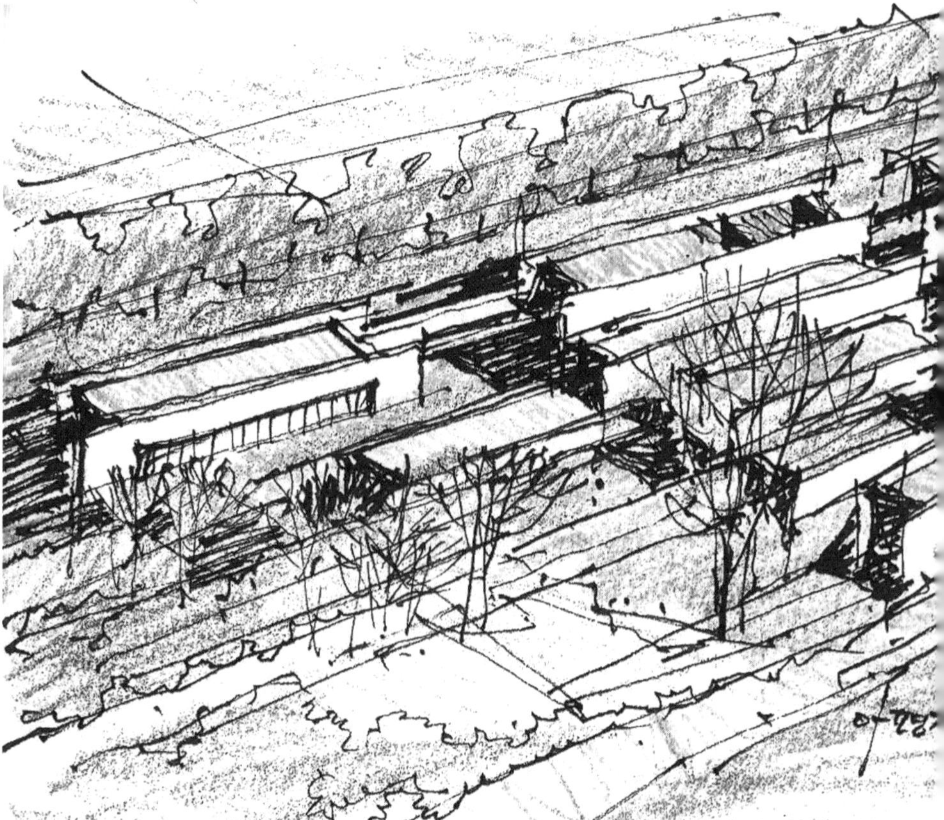

솔거미술관의 전시 공간을 나누고 공간레벨을 조절하는 디자인 콘셉트는 9개 공간 매스(mass)와 5개의 수직벽(layer)이다.

신라 천년의 고도 경주에는 사찰, 왕릉, 박물관, 유적지들이 역사와 궤를 같이하며 오랜 시간의 모습으로 곳곳에 존재하고 있다. 도시 전체적으로는 고도古都의 모습과 흐름을 거스르지 않으려는 분위기가 일관되게 자리해 있다. 이 시대에 세워지는 현대건축들도 그러한 분위기에서 자유로울 수 없기에 새로운 건축들은 마치 돌출 발언을 하는 듯 조심스러워 보이기도 한다.

우리는 전통 보존의 문제와 전통건축 앞에서 유달리 민감했다. 콘크리트 구조로 목조 전통한옥을 복제하고 기와지붕을 올려야만 전통으로 간주하는 근대적 관행은 지금도 지속되고 있다. 그러나 과거의 외형적 모습만을 고집해서는 안 될 것이며, 시대정신을 계승하고 전통의 재해석과 아울러 새로운 창의성을 표출해야 할 것이다. 고전적 역사 유적에 창의적 건축문화가 공존하는 아름다운 도시에는 외부인의 발걸음이 잦아질 것이다.

그동안 경주에서의 미술관은 힐튼경주호텔의 우양미술관(옛 선재미술관)이 27년 동안 유일했다. 경주 최초의 공립미술관인 '경주 솔거미술관'은 2015년 8월 개관하였다. 경북도와 경주시가 지원하고 (재)문화엑스포가 건립을 주도했으며 엑스포공원 남측에 있다. 큰길에서 드러나지 않고 산언덕 위에 숨어 있는 미술관은 널리 알려져 있지 않은 듯하다. 미술관을 찾아 걷는 길은 고즈넉한 명상의 길이다. 엑스포공원

주차장에 차를 두고 공원을 지나서 산언덕 나무 아래를 걷는 길은 사계절 풍경을 담고 있다. 산언덕을 지나면 작은 계곡 아평지와 함께 미술관은 자연 속에서 고요하다.

미술관은 2008년 소산小山 박대성 화백의 작품 기증 의사에 따라 설립 구상이 시작되어 2012년 착공, 2014년 11월에 완공되었다.

소산 선생이 기증한 830점의 작품으로 채워진 이 미술관은 생존하고 있는 특정한 화가 이름을 붙일 수 없다는 지역 미술계와 시의회의 반대로 결국은 통일신라 솔거의 이름을 딴 경주 솔거미술관으로 탄생했다고 한다. 이러한 갈등 사례는 문화 예술계에서 종종 있는 일이기도 하다. 당연히 황룡사 소나무 벽화도, 날아드는 참새도 없는 경주솔거미술관의 이름은 얼마나 많은 시간이 지나야 익숙해질까? 지난해에는 대규모 박수근전이 열렸고 평소에는 소산 선생의 기증 작품들이 상설 전시된다.

소산 선생은 수묵으로 독자적 예술세계를 이룩한 화가로서 특이한 이력의 예술가로 알려져 있다. 입구 홀에 화백을 소개하는 연대기가 선문답처럼 단순명료하다. 괴테의 이탈리아 여행이 중요한 터닝 포인트가 되었듯이 소산 선생은 두 차례의 중국 예술기행을 중요시하고 있었다.

1945 경북 청도 출생/ 1966 한국화단 등단/ 1988 유범모와 중국 화문 기행/ 1998 유범모와 북한 화문 기행/ 2015 본인 작품 등 830점 경주 솔거미술관 기증.

소산 선생은 어려서 왼손을 잃었지만 홀로 꿋꿋이 화가의 길을 걸어왔다. 정규 미술교육을 받지 않았고 오로지 독학과 실력만으로 대가의 경지에 올랐다. 1979년 중앙미술대전 대상을 받으며 세상에 알려졌다. 남산 삼릉 부근에 정착하여 남산의 탑, 소나무, 불국사, 분황사 등 경주 신라의 혼과 정신을 표현하는 대형작품들을 꾸준히 남기고 있다. 수묵 전통을 이어가면서도 현대적 재해석으로 창조성을 표현하고 있다.

아평지에서 바라보는 '경주엑스포타워'와 '중도타워' '음양의 조화'와
'현대와 고전의 조화'를 보여주고 있다.

미술관 입구 공간, 수직 수평의 레이어가 연속 반복적으로 공간을 형성, 구분한다.

박대성은 천년고도 경주의 자연과 문화를 만나면서 예술의 새 경지를 열었다. 그의 작품에서는 신라의 전통건축과 문화를 재해석하고 있다. 초대형 작품 〈불국 설경〉, 조감기법의 강렬한 바위산 〈현율〉 등의 감동은 뇌리에 생생하다. 2018년 4월 초에는 석재 서병오 문화상을 수상하며 대구문화예술회관에서 초대전도 열었다.

미술관은 엑스포공원 남측 아평지 연못 인근의 14,880㎡ 부지에 연면적 1,500㎡(지하 1층, 지상 2층) 규모로 건축가 승효상의 작품이다. 미술관은 아평지 연못을 따라 경사지형에 낮게 순응 배치하고 있어 자연환경을 거스르지 않으려는 의도가 보인다.

진입로에서 만나는 미술관 모습은 수직 켜의 반복과 그 사이 수평 목재 루버이다. 입면 외관에서의 수직의 벽은 배치와 평면에서도 일관된 역할을 하는 건축적 콘셉트이자 모티브다. 9개의 공간 매스mass와 5개의 수직 벽〔layer〕이다. 수직 벽은 콘크리트 구조 벽면이자 전시 공간 단위 크기를 나누고 공간레벨을 조절하는 중요한 장치다. 각 매스와 매스 사이에는 내외부 공간들이 형성되어 있다.

진입부, 입구, 휴게 공간, 중정 공간 등 다양한 공간으로 나타난다. 전시장은 중정 공간을 둘러싸고 배치와 동선이 계획되었듯 미로처럼 다양한 크기와 높이의 공간이 이어진다. 수직 벽 틈새로 언뜻 나타나는 푸른 나무와 파란 하늘도 눈길을 끈다.

미술관 사이 공간은 나무, 하늘, 태양, 바람의 움직임을 느끼게 한다.

미술관은 5개의 전시실로 구성된다. 미로 같은 작은 전시실들을 거쳐서 제3실에 들어서면 예상치 않은 작품을 만나게 된다. 갑자기 아평지 풍경이 벽면을 뚫고 나타난다. 전시장 내부에서 외부의 자연을 감상케 하려는 건축설계자의 돌발작품(?)은 새로운 신선함이자 미술관을 기억하게 하는 잔영이다. 전시 공간들은 제각각의 전시작품의 주제와 규모에 맞게 설계를 한 듯 일정하지 않다. 전시실을 벗어나 외부 휴게데크 공간에 앉으면 공원 엑스포타워의 실루엣이 거대 조형물로 나타나며 휴게데크 아래 아평지 물빛과 함께 연꽃 산책길로 이어진다.

엑스포공원은 일시적 큰 행사와 대규모 이벤트를 위한 과대한 건축들과 넓은 스케일의 외부 공간이다. 미술관은 엑스포공원의 일부 공백을 채우는 건축이자 문화이다. 자동차를 버리고 엑스포공원을 지나고 뒤쪽 산언덕을 걸어 올라서 만나는 미술관은 문화예술의 적당한 크기와 건축 작품을 차분하게 느끼게 한다. '미술관 옆 동물원' 은 서울 과천에 있고 '아평지 옆 미술관' 은 경주에 있다.

시네마 천국,
부산 영화의 전당

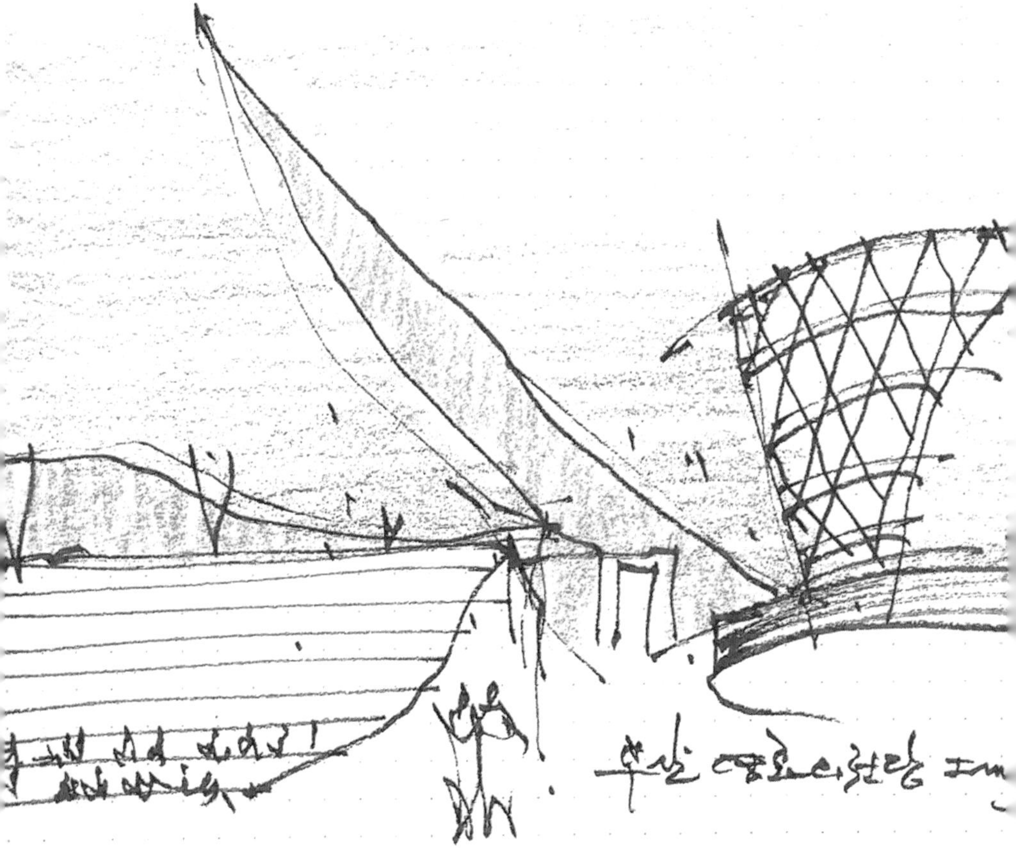

세계의 영화제

세계 최초의 영화제는 1932년 이탈리아에서 열린 제18회 베네치아 비엔날레의 부속 행사로 시작하였으며, 영화제를 독립적으로 개최한 것은 1935년부터였다. 제2차 세계대전 이후부터 많은 국가들이 영화제에 참가하게 되면서 세계 영화산업이 본격적으로 발전하게 된다.

국제영화제작자연맹FIAPF이 공인한 세계 4대 영화제로는 이탈리아의 베니스영화제, 베를린국제영화제, 토론토국제영화제, 베네치아·칸 영화제를 꼽는다. 지금은 독일 베를린, 러시아 모스크바, 영국 런던, 미국 샌프란시스코·뉴욕·시카고, 스위스 로카르노, 캐나다 토론토, 일본 도쿄, 그리고 부산에서 주요 국제영화제가 열리고 있다. 독일의 만하임과 오버하우젠, 프랑스의 투르에서 열리는 영화제에서는 단편 영화와 기록영화를 주로 다루며 아시아 국가에서 개최되는 영화제는 아시아 영화를 대상으로 한다.

한국의 영화제

우리나라는 1960년대부터 시상식 형태의 대종상과 청룡영화상이 개최되었지만 본격적인 영화제는 1996년 부산국제영화제부터였다. 부천국제판타스틱영화제(1997), 전주국제영화제(2000), 미장센 단편 영화제(2002), 제천국제음악영화제(2005) 등 특색을 갖춘 영화제들이 지방의 도시에서 개최되기 시작했다. 부산국제영화제는 FIAPF 공인을 받은 아시아 최대 규모의 영화제이다.

학교 이름에도 '센텀' 은 접두어처럼 따라붙는다. 센텀시티 일대에는 벡스코, 시립미술관, 신세계백화점, 수영만 요트경기장, 광안대교 진입로가 있으며, 초고층 아파트와 호텔이 우후죽순처럼 올라가고 있어 싱가포르, 홍콩 같은 초고층 국제도시의 경관을 갖추고 있다.

'영화의 전당' 이 위치한 센텀시티의 처음 이름은 두레라움이었다. 우리말 두레 '함께 모이다' 와 라움 '즐거움' 의 합성어로 '함께 모여서 영화를 즐기다' 라는 뜻이었으나 국제 영화제 개최지에 걸맞게 세련된(?) 영어 이름 센텀시티로 변경하였다고 한다. 행사 마당인 야외극장 이름은 여전히 두레라움으로 남아 있다.

건립 당시, 국제현상설계 공모에는 세계적 명성을 지닌 7개 건축가와 설계회사가 지명 초청되어 경합, 오스트리아의 '쿱 힘멜브라우' 가 최종 설계자로 선정되었다. 특이한 이름은 설계집단의 회사명이다. 'Coop' 은 주식회사, 'Himmer' 은 하늘, 'Bau' 는 구축이라는 뜻으로 '하늘처럼 무한 상상 건축을 설계하는 집단' 이라는 뜻을 지니고 있다. 등장 초기에는 고전 도시 비엔나에 난해하고도 이상한(?) 해체주의 건축 설계로 건축계의 관심을 끌었으며, 독일 BMW 전시관 건축 이미지와 유사성으로 인하여 독창성에 대한 비난도 있었다.

세계최대지붕, 빅 루프big roof

'영화의 전당' 은 거대한 지붕이 압도적인 외형 디자인으로 나타나는 건축이다. 축구장 2.5배 크기에 달하는 지붕은 건축시설을 보호하는 지붕 관념을 초월한 건축구조물이다. 2개 지붕 형태가 맞물려서 역동적 파도의 이미지로 공중에 떠 있다. 대규모 지붕 한쪽은 기둥이 받치고 다른 쪽은 허공에 떠있는 형태의 캔틸레버cantilever 구조는 긴장감을 극대화하고 있다. 길이 162.53m, 너비 60.8m 세계최대규모의 캔틸레버형 지붕은 건축 완공 이듬해 2012년 3월 기네스북에 세계최대 지붕(빅 루프)으로 등재되었다.

어둠이 깔리면 빅 루프의 아랫면은 23,142개의 LED 조명이 수놓는 하늘에 떠 있는 영상 스크린이 된다. 빅 루프는 도시를 향하는 건축 언어의 강력한 표현이며 지붕 아래는 이벤트 장소와 열린 공공공간이 된다. 레드카펫 무대 위 스포트라이트와 함께 스타들이 등장하면 화려한 영화제가 열리는 공간이자 무한 상상의 가변적 공간으로 변신한다.

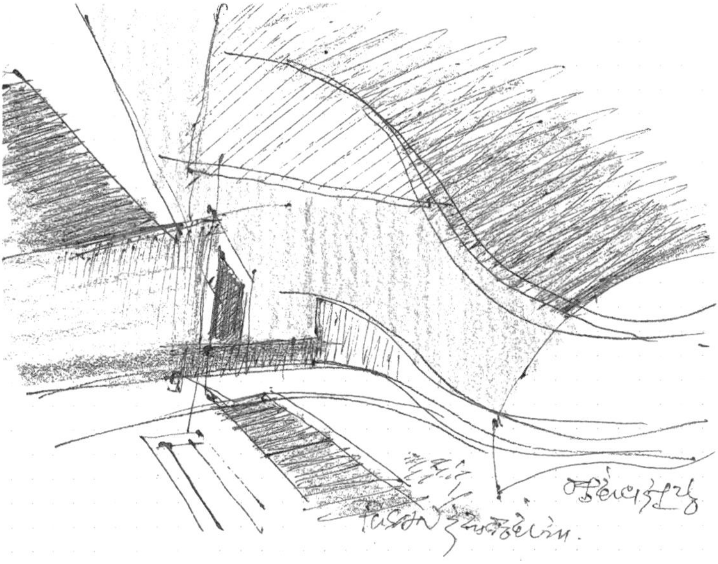

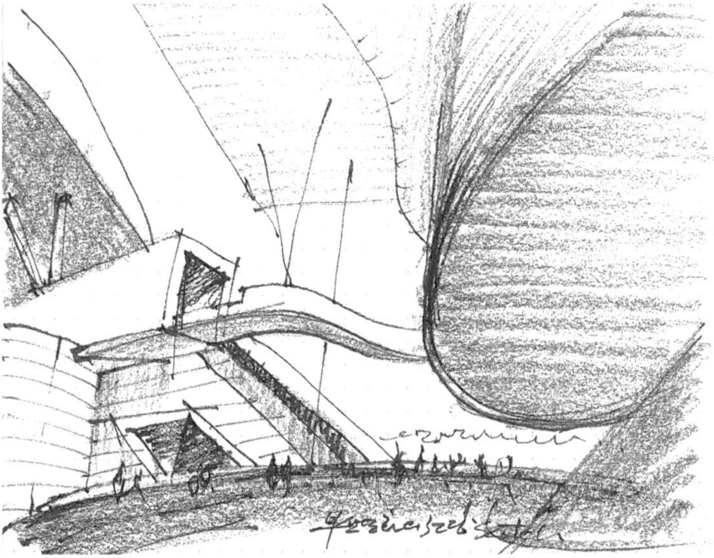

2011년 영화제 개회식에 맞춰서 건축을 완공한 건축사는 매스컴으로부터 졸속 부실공사에 대한 비난 대상이 되었다. 영화제 행사 폐막식 때 장마철 폭우를 만나 지붕 누수로 국제적 망신을 당한 것이다. 철골 금속공사의 특성상 이음새 코킹은 장마철에 물이 새는지를 검증하고 보완을 거친 후 완공을 했어야 했다. 건축 설계의 문제가 아니라 영화제 일정 맞추기에 급급했던 우리나라 건축 현실을 보여주는 한 단면이었다.

건축 시설기능

독창적인 조형성과 해체주의 건축미학이 표현된 영화의 전당은 2008년 10월부터 2011년 9월까지 3년 동안 사업비 1,680여 억 원을 투입하여 건립했다. 부지면적 32,137㎡, 연면적 54,335㎡에는 비프힐, 더블콘, 시네마운틴 3개 동이 있다. 각 건물은 경사진 구름다리로 서로 연결되고 빅 루프가 그 상부를 덮고 있다.

실현 가능성이 없는 일을 이야기할 때, 예상치도 못했던 멋진 일이 현실로 나타났을 때 '영화 같다' 라고 표현한다. 사람들 누구나가 '영화 같은 멋진 일', '시네마 천국 같은 세상' 을 기다리고 있을 것이다.

칠곡 향사아트센터의 건축

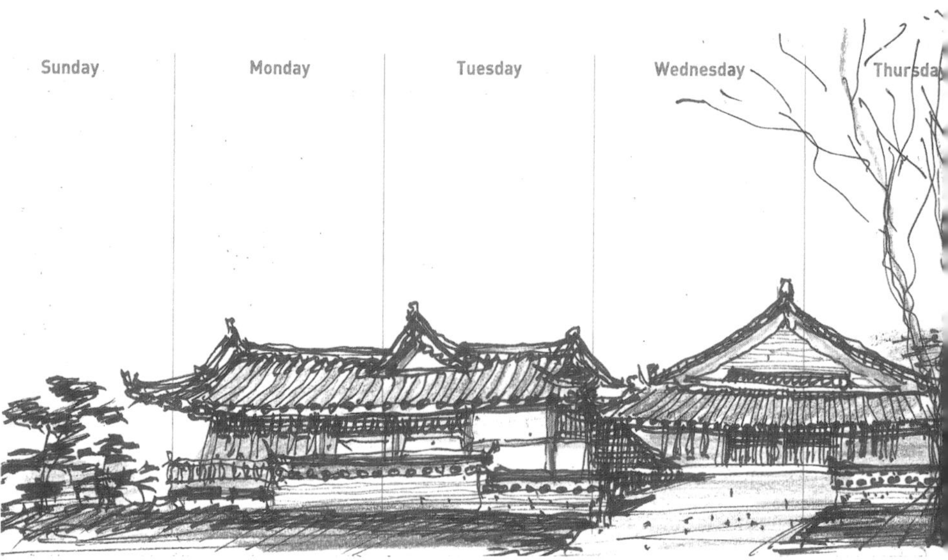

향사아트센터는 국악의 어머니로 불리는 칠곡 출신 향사(香史) 박귀희 명창을 기리는 공연문화시설로서 전통한옥양식으로 지어졌다.

칠곡의 건축문화

업무상 어떤 지역과 도시를 방문할 때에는, 별도의 시간을 만들어서 찾고 싶은 건축물과 장소들을 미리 생각해 둔다. 칠곡 지역에서는 읍내에 있는 구상문학관이 우선 떠오른다. 현대건축이면서도 작은 한옥이 오브제처럼 낙동강을 배경으로 구상 선생님의 문학 콘텐츠를 담고 있다. 문학관은 구상 선생님의 문학적 발자취뿐 아니라 근대기 역사의 흔적까지 다양하게 전시하고 있다.

칠곡은 우리나라 천주교 역사의 정서가 배어 있는 지역이다. 가실성당과 베네딕도 수도원은 건축 탄생의 역사는 다르지만 한국 천주교 건축의 전통적 양식과 분위기를 보여주는 종교건축물이다. 칠곡에는 또 매원마을이 있다. 6.25 이전 번성기에는 영남의 3대 양반촌이었다. 매원마을은 경상북도 지정문화재인 전통건축물이 있는 한국의 전통마을이다. 다른 지역에 없는 칠곡에만 있는 문화이다.

칠곡보 주변의 건축

4대강 개발 이후에 낙동강 7경 칠곡보가 생겨났다. 칠곡보 공사가 한창인 당시, 이곳 현장을 방문했던 기억이 떠오른다. 모래와 흙더미가 산처럼 쌓여있고 중장비 기계음이 어지럽던 공사판이었다. 브리핑 조감도의 완성에 의구심이 들 정도로 대공사였다. 그 의구심을 차치하고 지금은 강 건너 오토캠핑장이 여유롭게 펼쳐져 있는 평화로운 경관을 자랑하고 있다.

칠곡보가 완성되면서 낙동강 주변에는 새로운 경관이 탄생했다. 자동차로 강변도로를 달려오다 보면 오른편 산언덕 위 칠곡호국평화기념관이 시야에 들어온다. 그야말로 전승 기념비처럼 랜드마크landmark 건축을 표명하는 듯 우뚝 서 있다. 바로 오른편으로 나지막이 꿀벌나라테마공원으로 이어진다, 생태건축과 자연환경을 내세우는 듯 곡선형태 건축으로 자유분방한 동심의 분위기를 내보이고 있다. 그 오른편에 단아한 한옥 기와지붕의 향사아트센터가 파노라마처럼 단지를 이루고 있다. 이 지역은 물의 공간인 칠곡보를 중심으로 칠곡군 관광테마 파크로 조성되었다. 개별적으로는 기능과 목적을 달리하는 건축과 환경들이라 세련되고 아름다운 조형적 건축이라고는 말하기가 어렵다.

향사아트센터

향사아트센터는 2019년 10월 개관하였다. 처음 듣는 이름의 생소한 문화시설이기에 어떤 건축일지 새로운 건축에 대한 궁금증과 기대감

바깥마당에서 바라본 남측 전경

공연장 건물과 소연습실의 연결회랑

공연장 로비 홀

이 더했다. 행정구역은 왜관읍 북부 석적읍 강변대로 1570번지이다. 향사아트센터는 국악의 어머니로 불리는 칠곡 출신 향사香史 박귀희 명창을 기리는 공연문화시설이다. 서울국악예술고등학교를 설립하셨고 유명 인사들이 출입하는 '운니동 운당여관' 운영 등 단편적으로 예술 문화적 국악인으로 알았지만 이곳 칠곡 출신이라는 것은 처음 알게 되었다. 아트센터라는 현대적 명칭에서부터 갸우뚱해진다. 전통 국악 이미지와는 동화되지 않는 이질감이 느껴진다. 고전과 현대의 만남을 충분히 고심했을 것이며 더 세련되기도 할 것이다.

향사아트센터는 전통한옥 기와집 형식을 갖추었지만 전통건축이라고 할 수는 없다. 이 시대에 짓는 기와집 건축의 본질을 따지기가 모호해졌기에 현대적 전통건축이라 해두자. 건축의 3대 요소를 기능, 구조, 미라고 일컫는다. 현대에 짓는 콘크리트 구조의 건축은 과거의 시대적 환경과 배경과는 상이하여서 전통 목조건축과는 상이한 것이다. 그러나 한국적인 공간과 정신적 본질에서는 맥락이 이어져야 한다. 전통 기와집을 맥락으로 한 국립청주박물관, 국립진주박물관 등 일련의 건축들에서 한국성 추구의 건축정신을 생각하게 될 것이다.

건축을 읽다

향사아트센터는 서측도로 낮은 레벨에서 진입하게 된다. 건물을 올려다보면 높낮이가 다른 여러 채로 나누어진 기와집 형태의 변화를 보여준다. 건물의 동쪽 정면에 와서는 비로소 대문과 담장, 안마당과 본채로 구성되는 전통건축의 배치를 읽을 수가 있다.

정면에서 바라보는 주 건물은 공연장(239석, 397㎡)이며, 좌측 건물은 소연습실(60㎡), 오른편은 대연습실(134㎡) 건물로서 반듯한 전통 사찰 배치 형식을 보는 듯하다. 공연장 건물은 2층 높이의 콘크리트 구조에 기와지붕 디자인과 외부 목재 형식으로 마감하였다. 낮은 1층 건물들은 목구조로써 전통건축에 충실하도록 디자인하였다.

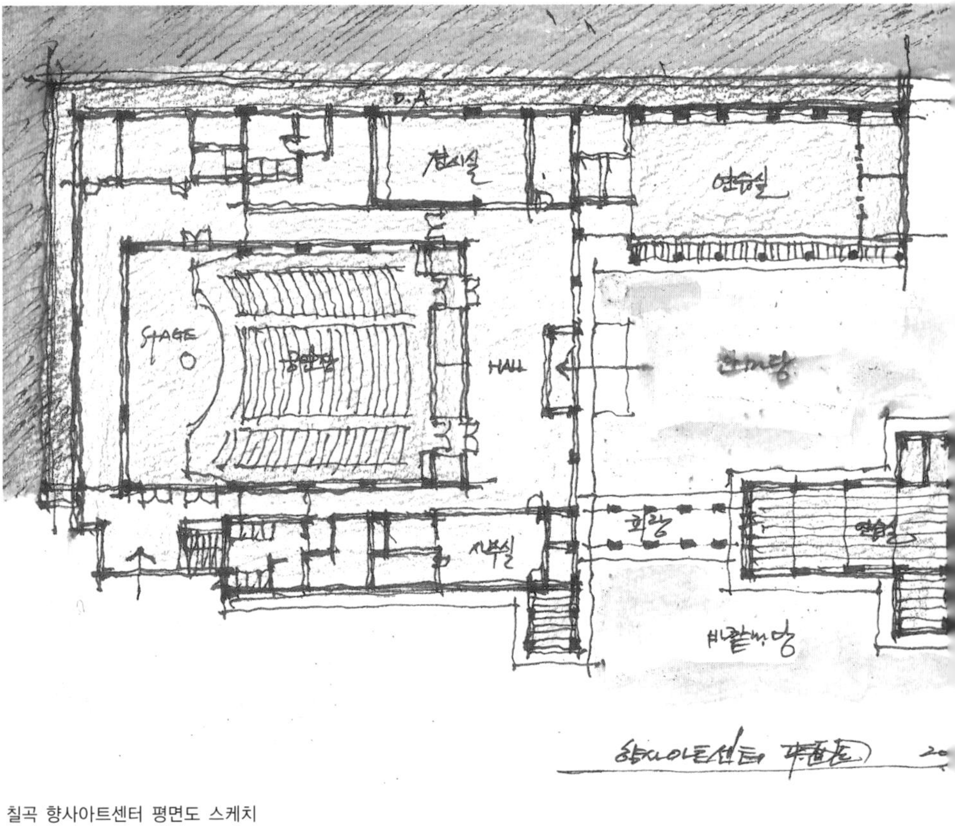

칠곡 향사아트센터 평면도 스케치

가장 특이한 점은 주 건물(공연장)과 소연습실을 잇는 사이는 회랑 형식의 외부 공간으로 한국적 전통건축의 분위기를 자아내면서 변화를 주고 있다. 안마당과 바깥마당으로의 연계성, 개방감, 동선의 기능성, 한옥건축에 기여하는 디자인 표현이라 하겠다.

공연장 입구 홀 오른편에는 작은 전시 공간이 있다. 중앙 쇼케이스에 진열된 가야금은 곧 가야금병창 국가무형문화재 향사 박귀희 명창을 상징하는 조형 작품이다.

기와지붕, 목재기둥 등 표피적 형태로만 전통건축과 한국성을 나타내려는 디자인보다 내부 공간의 요소요소에 충실하게 전통적 요소를 현대화하는 설계모습이 보인다. 특히 입구 홀 공간은 회랑처럼 목재기둥을 노출시켰고 완자창호, 루버천장 등은 전통을 바탕으로 다양한 현대적 요소로 설계하였다.

향사아트센터는 건축시설 건립에만 그치는 것이 아니라 더 큰 과제를 안고 있다. 국악전문 공연장과 문화센터 본질에 맞는 적극적인 활용성을 기획하여야 할 것이며 또한 명인의 업적을 승계하는 후학양성과 국악인 배출을 이어가야 한다. 결과적으로 칠곡군이 국악의 고장으로 널리 알려지는 것이 향사아트센터의 역할이라고 할 수 있다.

3
건축, 삶을 꽃피우다

작은 예배당, 하양무학로교회

축구 전용경기장, DGB대구은행파크

9회 말 역전홈런, 삼성라이온즈파크

물 문화관, 디 아크The ARC

정신문화의 수도 안동, 유교랜드儒敎land

가벼운 건축, 경주엑스포기념관

옛 공장의 재생- 복합문화공간 'F1963'

작은 예배당,
하양무학로교회

중세 고딕형 십자가로 높은 첨탑이 없다.
십자가 높이 세우기가 아니라 벽돌만을 사용한 솔직하고 반듯한 기본적인 건물형태이다.

인류문명이 시작되면서부터 인간은 신에게 제사를 올리는 장소와 공간을 첫째로 생각하였다. 그러한 공간과 장소들은 기능이 명확함을 떠나서 건축 원형에 대한 신성함과 경건함을 지니고 있다. 영국 솔즈베리 대평원에 무리를 이루고 있는 거대한 자연석 형태의 스톤헨지, 멕시코시티의 테오티우아칸 피라미드는 아즈텍 문명의 태양신을 상상케 한다. 건축의 기원으로 일컬어지는 그리스 아크로폴리스 언덕의 파르테논도 제례 의식을 행하는 신전이었다. 그러한 장소, 공간들은 신전, 성당, 교회 건축으로 발전하게 되었다.

르네상스를 꽃피운 성 베드로 대성당, 쾰른 대성당, 피렌체 두오모 대성당, 노트르담성당 등 유럽의 고전건축물들은 종교건축이자 인류 문화유산들이다. 서양건축의 역사〔建築史〕는 바로 종교의 역사〔宗敎史〕이며 곧 서양문명사임을 알게 된다.

2019년 5월 어느 날 신문지상에 이런 제하의 기사들이 실렸다.

‘대형교회 보란 듯, 시골에 15평 ‘교회다운 교회’ 짓다’
‘초대형 부럽지 않은 15평 교회 건축, 깊은 울림’
‘불제자의 보시와 빈자의 미학, 종교 화합 이끌어 낸 교회’
‘신도 30명 교회, 첨탑 네온사인 십자가 없이 절제미’

지방의 작은 동네에 15평이라는 작은 규모의 교회 건립을 보면서 새삼, 한국적 교회와 교회 건축을 생각하게 된다. 세계에서도 유례가 없는 한국교회의 외형적 성장과 대형교회의 건립을 자랑스럽게 내세우고 있는 현실에서 소박한 15평 작은 교회 건축은 어떤 의미인가? 이 시대에 작은 교회 짓기는 양적 팽창, 확대만을 지향하고 있는 한국의 종교에 대한 성찰의 의미가 있는 것이다.

이 시기에 승효상은 유럽의 수도원을 기행하며 쓴 책 『명묵』을 발간했다. 이 책에서 그가 설계한 하양교회와 명례성지를 간단히 소개했다. 그가 오랫동안 지켜보아 온 유럽 수도원처럼 신앙의 깊이로 절제된 작은 예배당의 장소와 공간을 설계하고 있다.

대도시에서는 천 평 이상 규모의 교회가 흔하게 세워지고, 수도권에는 도시의 한 블록을 차지하는 매머드급 교회도 있다. 대형체육관이나 콘서트홀보다도 큰 회중석과 빌딩 규모의 교육관이 세워지기도 한다. 어느 대형교회의 건축법 위반과 반사회적 반도의적 현상이 뉴스화된다. 성당이 도시의 중심에서 랜드마크 역할을 하고 교황과 황제의 권력이 동등했던 중세시대의 신앙의 형태와는 달라져야 하는 것이다.

안도 다다오의 '빛의 교회'는 회중석 홀 콘크리트 전면 벽 자체에 가로세로 십자가의 빛이 내부로 침투한다. '물의 교회'는 인공호수 수면 위에 십자가를 세워서 고요히 자연을 바라보게만 한다. '물의 사찰'은 연꽃이 담긴 인공연못 아래로 일직선 계단을 내려가면 온통 붉은 지하 사찰 공간에 이르게 된다. 십자가와 종탑을 높이 세우지 않고 사찰의 기와지붕을 크게 올리지 않으면서도 종교적 신앙을 표현하는 건축을 만들고 있다.

하양의 작은 교회는 대중에게도 잘 알려진 건축가 승효상의 작품이다. 건축가는 노무현 전 대통령 묘역 설계자로서 '빈자의 미학' 이라는 건축 철학을 내세우며 김수근(공간그룹)의 제자로 잘 알려져 있다. 이 시대의 교회 건축을 새로이 성찰케 하는 발언發言적 건축을 했기에 언론의 뉴스메이커가 될 수 있었을 것이다.

하늘의 빛이 스며드는 강단 벽면에 떠 있는 십자가. 빈자의 건축을 내세우는 건축가의 건축철학을 실천하는 듯하다.

철제 십자가가 있는 기존 예배당은 1976년 창립 시 지었다.
큰 은행나무가 있는 안마당에는 두 채의 옛집이 그대로 있어 고즈넉한 분위기이다.

하양무학로교회가 있는 경상북도 경산시 하양읍은 대구가톨릭대학교, 경일대학교, 호산대학교가 있는 대학촌이다. 인근의 작은 길 안에 있는, 그야말로 시골교회이다. 1층 규모의 오래된 기존의 교회와 사택 마당을 곁에 두고서 새로 지은 작은 교회이다. 어릴 적 시골에서는 예배당이라 불렀던 그 분위기의 기존 예배당은 1976년 지었다. 큰 은행나무가 있는 안마당에는 두 채의 옛집이 고즈넉이 그대로 있다. 1936년에 지은 슬레이트지붕의 주택이 있고 1960년 지은 작은 주택은 조원경 목사님의 서재 겸 사무실로 쓰고 있다. 교회를 찾아오는 손님 누구나 즐거이 맞아주시는 듯, 방문자의 인기척에 목사님께서 나오셔서 친절히 설명해 주시고 서재 방에 초청, 차와 초콜릿과 얘기를 나누시는 소박한 목사님이셨다.

교회 설립 30주년을 맞으면서 오래된 예배당을 새롭게 해야 했다. 바로 인근에는 대단지 아파트가 공사 중이고 주변은 도시로 변하고 있었다. 언젠가 마산양동성당을 찾은 적이 있었다. 고층아파트 단지 속에 파묻혀서 성당 설립 당시 분위기와 판이하게 달라졌음을 보았다.

목사님은 어느 세미나에서 만난 건축가에게 7,000만 원 예산으로 교회 신축이 가능한가를 물었다. 교회 사정을 들은 건축가는 기꺼이 설계재능 기부를 했다. 소문을 듣고 주변의 지원이 쏟아졌다. 하양읍 주민들도 기부에 동참하고 벽돌 회사에서는 10만 장의 벽돌을 지원했다. 인근의 은해사 사찰에서도 기부에 동참하여 2억여 원의 공사비가 충당되었다 한다. 하나님의 교회를 짓는데 이웃 불교사찰에서 보내온 우정과 나눔은 이웃 종교와의 아름다운 동행으로 세상 평화의 실천을 보여주었다.

건축된 교회에는 종교건축의 원형을 실천하고자 한 건축가의 의도와 노력이 보인다. 인류 최초의 건축 자재인 벽돌을 성도들의 정성을 나타내듯 차곡차곡 쌓아 지었다. 중세 고딕형 십자가의 높은 첨탑이 없다. 십자가 높이 세우기가 아니라 벽돌만을 사용한 솔직하고 반듯한 기본적인 건물형태이다.

교회 외벽에 철근가닥의 가늘고 작은 십자가가 눈에 띌 듯 말 듯 붙어 있다. 앙상한 몸체의 자코메티를 보는 듯 은유적 상징이다. 십자가를 크게 내세우거나 그 자체를 건축적 모티브나 랜드마크로 형상화하는 것이 종교건축이었다. 그것은 건축가의 어휘이기도 하거니와 건축주의 요구사항인 것이다. 그 형상이 건축 콘셉트와 잘 어우러졌을 때에는 건축 작품으로 인정된다. 그러나 종교적 십자가만을 주제로 내세우는 건축은 내면적 깊이로 다가오지 못하는 것이다.

건축가는 오래전부터 '빈자의 건축'을 내세우며 건축철학을 실천하고 있다. 풍요와 허영을 제하고는 청빈한 정신만을 남기는 건축을 실천하는 듯하다. 1880년 아돌프 루스의 '장식은 죄악이다.'를 실천하듯 붉은 벽돌 한 가지 재료로써 모노크롬 건축을 실천한다. 7,000만원으로 시작한 시골의 교회 건축에서는, 15평의 건물에 여러 가지 건축을 표현하고 디자인한다는 것이 어불성설이요, 사치일 것이다.

작은 교회 마당에는 오래된 은행나무가 서 있다. 은행잎이 교회와 옛집 마당을 노랗게 물들이는 가을쯤이면 하양의 작은 교회 마당에 다시 가고 싶을 것이다.

풍요와 허영을 제하고 청빈한 정신만을 남기는 건축을 실천하는 듯하다.

좁은 계단으로 옥상에 오르면
벽돌로 둘러싸인 기도 공간 위 하늘이 열려 있다.

새 교회 옥상에서 바라보이는
초창기 교회의 종탑 십자가

축구 전용경기장,
DGB대구은행파크

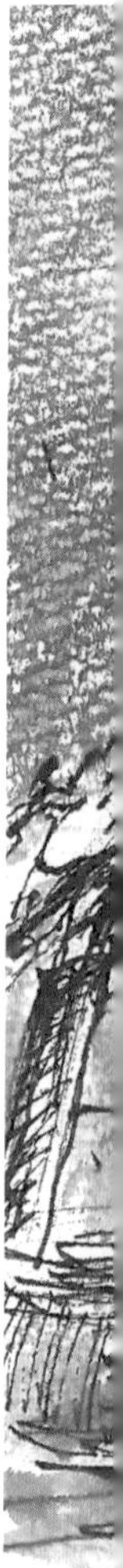

전 세계에서 가장 많은 인기와 팬을 가진 스포츠가 축구이다. 손흥민 선수가 활약하는 잉글랜드 프리미어리그 TV중계방송을 한밤중 잠을 잊고 시청한다. 축구 종주국 영국을 비롯하여 스페인 프리메라리, 독일 분데스리가, 이탈리아 세리아A, 프랑스의 리그앙 리그는 세계 프로선수들의 등용문이요, 거대 스포츠시장이다.

하루일과를 마치고 저녁이면 경기장으로 모여드는 그들의 생활문화가 부럽게 느껴진다. 관중들로 가득 찬 경기장, 좋아하는 선수의 멋진 플레이와 짜릿한 골에 터지는 함성과 응원의 열기는 곧 생활의 활력으로 느껴진다. 경기가 끝나면 Pub에 어울려서 승리의 즐거움과 패배의 아쉬움을 마무리한다. 정치와 경제를 초월해서 축구에 열광하는 시민들이 행복해 보인다.

대구시민운동장을 리노베이션하여 탄생한 'DGB대구은행파크', 대구FC 축구전용경기장이다.

현대적 의미의 축구는 1863년 잉글랜드에서 축구협회가 창설되면서 규칙을 제정, 지금까지 이어지고 있다. 그러나 손을 사용해도 되느냐 마느냐의 분쟁에 휩싸이게 되는데 손 사용을 금지한 것이 오늘날의 축구사커, soccer이며, 이에 반발하며 손 사용을 찬성하는 사람들끼리 모여서는 오늘날의 럭비 종목으로 발전하게 되었다.

세계 최초 프로축구팀 '노츠카운티 FC'는 157년 전 1862년에 노팅엄에서 창단되었으며, 이때부터 축구 클럽Football Club의 약칭인 FC는 축구팀의 명칭에 따라붙게 되었다. 지금은 재벌기업 규모 수준인 유럽의 명문구단들도 당시에 그 도시 축구동호인들이 후원하는 시민구단으로 출발했다.

대구FC 창단

우리나라 프로축구는 1983년 5월 슈퍼리그라는 이름으로 출범하였으며, 5년 후인 1998년 지금의 K리그로 변경되었다. 국내 프로축구 제11 구단으로 2002년 창단한 대구FC는 박종환 초대감독을 영입하며 2003년부터 K리그에 참가하게 된다.

대구FC는 K리그 최초로 시민주市民株 공모를 기반으로 창단한 시민구단이라는 기록을 갖고 있다. 대구FC 창단 이후, 인천 유나이티드가 창단되고 대전 시티즌이 시민구단으로 전환하는 등 국내 축구계에 시민구단 창단이라는 새 바람을 몰고 왔다. 또한 '지역명+FC'라는 이름 형식도 국내에서는 대구FC가 최초이다.

대구FC 창단 동기는 2002 한일 월드컵의 축구 붐과 관련이 있다. 2002 한일 월드컵이 끝난 후 텅 비어버린 대구월드컵경기장을 활용하기 위해 대구시에서 적극적으로 축구팀 창단을 추진한 것이다. 야구의 삼성라이온즈처럼 기업구단이 아닌 시민구단으로의 출발은 넉넉지 못한 재정 때문이었다. 우수 선수와 감독 영입에서도 어려움을 겪으면서 팀 성적은 하위권을 맴돌았다. 그러나 2018 러시아 월드컵에서 골키퍼 조현우의 스타 등극과 함께 2018년 FA컵에서 우승컵을 차지하게 된다. 고성동 대구FC 전용구장에서 오픈 첫 경기를 승리로 이끌며, 구단 역사상 첫 아시아챔피언스리그(ACL)에도 진출하였다.

대구FC 전용구장의 건축

고성동 대구시민운동장 주 경기장을 리모델링한 대구FC 전용구장이 2019년 초 완공되었다. 그동안 사용했던 '대구스타디움(월드컵경기장)'을 떠나 이곳 축구전용구장에서 새 시대를 열게 된 것이다. 삼성라이온즈 야구팀도 그동안 사용했던 고성동 야구장에서 수성구 연호동의 새 전용구장 삼성라이온즈 파크로 3년 전 옮겨갔다. 고성동 시민운동장은 축구 전용경기장을 중심으로 주변에 테니스장, 다목적 체육관 등을 추가 건립하여 이 일대를 도심복합 스포츠 타운으로 조성하는 계획을 추진 중이다.

축구 전용구장 규모는 지상 3층, 연면적 25,472㎡이며 515억 원의 총공사비를 들여 2017년 6월에 착공하여 1년 7개월여 만인 지난 2월에 완공하였다. 관중석 12,000석의 국내 최소 규모이다.

전용구장은 몇 가지 특징이 있다. 첫 번째는, 대구스타디움은 육상경기 등의 종합 경기장으로 필드와 관중석 거리가 20m인 데 비해서 이곳 전용구장은 불과 7m 거리이다. 유럽의 경기장처럼 관중석과 필드의 거리가 가까워 경기장 선수들의 거친 숨소리와 생동감 넘치는 경기장의 활기를 가까이에서 느낄 수 있다는 점이 가장 큰 장점이다.

두 번째로는, 국내 유일의 가변 경량구조 좌석 시스템으로 관중들은 바닥 진동을 유발하며 신나게 응원할 수 있다. 기존의 경기장 바닥은 안전 위주의 견고한 철근 콘크리트 구조이다. 기존 경기장을 리노베이션하면서 관중석 바닥을 경량 철재와 알루미늄 판으로 구성, 발을 구르면 진동과 음향으로 관람자 모두가 응원 열기와 흥분, 감동으로 혼연일체가 될 수 있다는 장점을 활용했다.

관중석과 필드의 가까운 거리, 경량 철재와 알루미늄 바닥 관중석의 진동음향은 응원 열기와 현장감을 더한다.

나뭇가지가 뻗은 자연생태적 축구장 구조이미지는
가로수와 조화로운 형상이다.

DGB대구은행파크 시대의 개막

경기장의 처음 명칭은 대구 포레스트 아레나였다. 숲을 의미하는 포레스트forest와 1~2만 석 규모 경기장을 칭하는 아레나arena의 합성이다. 경기장 건축을 눈여겨 살펴보면 구조 기둥은 숲의 나무, 지붕은 나뭇잎을 형상화하고 도로에 접하는 입면 파사드는 비정형의 숲을 디자인하였음을 알 수 있다.

그러나 축구장의 최종 이름은 'DGB대구은행파크'로 확정되었다. 대구FC를 꾸준히 후원해 온 메인 스폰서 DGB대구은행이 경기장 명칭 사용권을 사들인 것이다. 국내 K리그에서는 후원기업이 경기장 명칭권을 매입한 첫 번째 사례이다. 그러나 독일 바이에른 뮌헨의 '알리안츠 아레나', 미국 애틀랜타의 '메르세데스 벤츠 스타디움' 등 해외에서는 경기장 명칭 구매는 아주 흔한 일이다.

영국의 프리미어리그를 관람하는 듯 DGB대구은행파크에서 대구FC 경기에 열광하고 경기가 끝나면 정치 경제를 떠나서 시원한 맥주와 함께 시민 팬으로서 대구FC와 사랑에 빠진다면 행복한 시민이 아닐까?

9회 말 역전홈런, 삼성라이온즈파크

국민스포츠의 첫째 종목을 꼽으라면 단연 축구라 할 것이다. 그러나 축구 못지않게 국민적 인기와 관심을 끌고 있는 스포츠는 야구이다. 다양한 스포츠나 레저가 없었던 시절을 보낸 중년 이상의 세대라면 아련한 과거의 추억을 떠올릴 수 있을 것이다. 축구상비군이라 불렀던 청룡 백호 팀의 스타 선수들의 이름들과 활약상, 고교야구 전성기 시절의 응원 열기와 불세출의 스타들, 그들은 프로선수로, 명감독으로 지금까지도 그 명성을 이어가고 있다.

출신 지역 연고에 따라서 응원팀은 극명하게 나누어진다. 승패와 순위에 따라서 엇갈리는 희비는 곧 국민들의 스트레스를 해소하는 시원한 오아시스가 되어주고 있다.

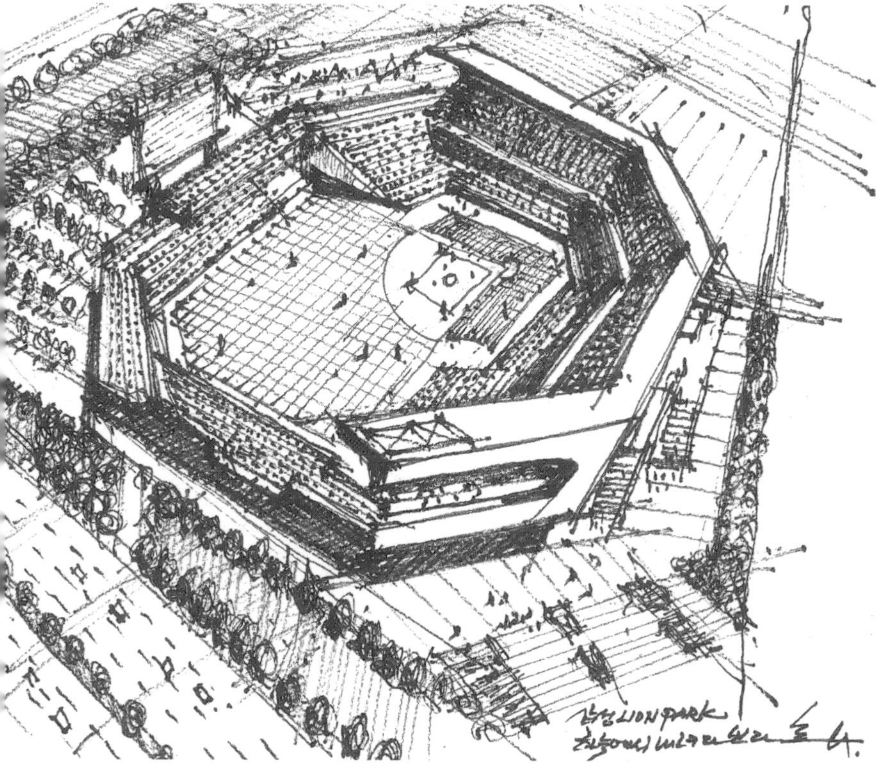

삼성라이온즈파크는 8각형으로 다이아몬드 형태의 자연친화적 경기장이다.

1982년 3월 27일 한국 프로야구 개막전이 잠실야구장에서 열리며 KBO(한국야구위원회)가 출범하였다. 민주화 시기의 당시에는, 정치적 관심사를 프로스포츠로 유인하려는 이른바 정권의 3S 정책이라고 말하기도 했다. 그해 창단된 삼성라이온즈는 삼성그룹의 본향인 대구 연고 팀으로 야구팬들의 사랑뿐 아니라 스포츠 이상으로 시민들의 자긍심이었다.

대구미술관, 알파시티, 수성의료지구의 신도시 지구에 인접하고 있다.
대구대공원과 간송미술관이 계획되어 있는 지역이며 연호지와 자연녹지지역에 자리하고 있다.

대구시민운동장 야구장은 30년이 넘게 삼성라이온즈의 지역 연고 홈구장이었다. 1948년에 건립된 대구시민운동장 야구장은 시설의 노후화와 주차장 등 편의시설 부족으로 2011년 2월 야구장 건립 계획을 발표한다. 새 경기장 부지는 도시철도 2호선 대공원역 인근 수성구 연호동 일원으로, 위치 환경 교통 접근성에서도 좋은 여건의 경기장이었다.

한편, 새 경기장의 개장으로 대구시민운동장 야구장은 서울 동대문 야구장, 부산 구덕야구장과 같이 철거설이 거론되었다. 그러나, 시민운동장 야구장이 가진 역사성과 상징성을 고려하여 철거하지 않고 시민친화적인 공원형 시설로 리모델링하여 시민구장으로 재탄생하였다.

2016년 완공한 대구삼성라이온즈파크는 미래도시 계획지구 한편에 위치한다. 대구의 동쪽 지하철 2호선과 연계하며 수성IC와 월드컵대로, 대구스타디움, 대구미술관, 알파시티, 수성의료지구의 신도시 지구에 인접하고 있다. 향후 대구대공원과 간송미술관이 계획되어 있어 문화 도시적 면모를 갖추게 되는 지역이며 연호지와 자연녹지지역에 자리하여 응원의 환성조차도 자연 속에 묻혀버리는 주변 환경이다.

일반적인 경기장은 곡선 타원 형태로 나타나지만 삼성라이온즈파크는 반듯한 수직수평면 파사드로 나타난다. 원형 평면이 아니라 8각형 평면이기 때문이다. 시지 방향에서 시내 쪽으로 담티고개를 넘어올 때는 낮은 외야석 스탠드 너머로 내부 관람석이 편안하게 드러나 보인다. 경기장(달구벌대로)에서 남쪽 대구미술관(유니버시아드로)을 잇는 30m 폭의 도로명은 야구전설로로 명명되었고 경기가 열리는 날이면 노상주차장이 된다. 외부 벽면에는 삼성 야구의 전설, 영원한 국민타자 36번 이승엽의 초상 그래픽이 그려져 있다.

삼성라이온즈파크는 지하 2층, 지상 5층으로 연면적 45,000㎡ 규모이다. 고정 관람석이 24,000석, 최대 수용인원 29,000명이며 총사업비 1666억 원이 투입되었다. 야구장 설계 특징은 8각형의 다이아몬드 형태로 독창적인 건축 디자인이다. 메이저리그 경기장 사례를 바탕으로 한 개방형 구조는 내외야 관중석 어느 곳에도 트인 시야를 확보하는 설계이다.

경기장은 관람석 중심 배치를 적용하여 그늘이 최대한 확보되는 평면이다. 독립된 스카이 박스, 바비큐석, 패밀리석, 자연지형에서 텐트를 설치할 수 있는 잔디석, 산지 전망공원 및 산책로 조성으로 경기가 없는 날에도 여가와 피크닉을 즐길 수 있는 장소이다. 편안한 영화상영관을 찾듯이 쾌적한 야외 자연환경에서 가족들과 음식을 즐기면서 경기를 관람하는 시대가 되었다.

자연녹지지역의 야구장은 자연훼손을 최소화하는 레벨계획으로 녹지와 산지를 보존하는 자연친화형 배치이다. 콤팩트한 필드계획으로 관람객과 선수 사이 거리를 최대한 근접시켜서 현장감을 극대화하고 있다. 따라서 홈런이 가장 많은 구장이 되었다.

경기장 앞 광장에서는 황금빛 야구공이 빠른 속도로 부딪히는 강렬한 이미지의 상징조형물 'blue FEVER'이 눈길을 끈다. 조형물 공모작 발표 당시 모 TV 방송 프로그램의 로고와 유사하다는 표절작 시비로 물의가 있었지만 그대로 건립이 되었다.

시내에서 시지방향 담티고개를 넘을 때 나타나는 경기장,
낮은 외야석 스탠드 너머로 내부 관람석이 편안하게 드러나 보인다.

상징조형물 광장에서 바라본 삼성라이온즈파크 경기장

KBO 리그 10개 구단이 홈구장을 대상으로 설문 조사가 있었다. 1위는 2014년 개장한 광주의 기아챔피언스필드 구장이, 2위는 2016년 문을 연 대구 삼성라이온즈파크가 선정되었다. 국내에서 유일한 전천후의 실내 구장인 고척 스카이돔은 3위에 그쳤다. 구장은 시설 환경면에서 좋은 점수를 받을 수밖에 없지만 경기장 수준을 단지 관중석의 편의성만을 기준으로 판단하지 않는다. 밖으로는 드러나지 않는 선수들을 위한 라커룸 등의 내부 편의시설과 위치, 환경, 교통, 접근성의 상관관계가 중요한 것이다. 시민들은 삼성라이온즈파크 경기장의 시설 순위보다 KBO리그 순위에 관심을 가지고 우승을 기대하고 있을 것이다.

한국 프로야구 원년의 개막전이 열렸고 두산 베어스와 LG 트윈스가 함께 홈구장으로 쓰는 잠실야구장은 대구의 건축가 고 후당 김인호(대아건축)의 설계 작품이다. 잠실 대로변에 위치하여 경기가 열리는 날이면 경기장의 환한 조명으로 마치 거대한 인공위성이 내려앉은 듯한 분위기의 도시풍경을 자아낸다. 잠실야구장은 시대의 변화에 따라 사라지고 새 실내경기장 계획이 나오기도 했다.

짜릿한 9회 말 역전 끝내기 홈런이 일어나는 것이 바로 야구 경기이다.

'인생은 9회 말부터!'

인생 역전 드라마를 기대하기에 사람들은 야구경기장으로 몰려드는지도 모르겠다.

물 문화관,
디 아크The ARC

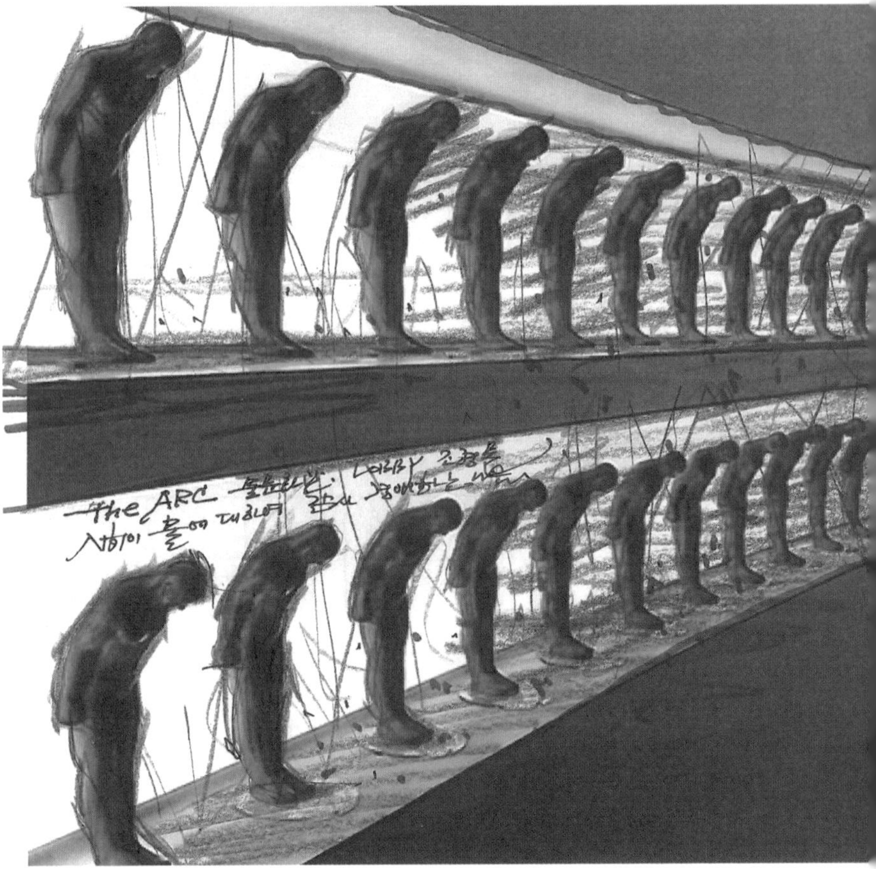

물 문화관 디 아크 1층 전시 조형물, 물에 대한 인간의 경의를 표하는 것일까?

낙동강과 금호강이 합류하는 지점의 강정고령보江亭高靈洑는 4대강 개발의 16개 보 중에서도 동양 최대의 수문이라고 불릴 정도로 규모가 가장 크다. 강정고령보는 대구광역시 달성군 다사읍과 경상북도 고령군 다산면 경계에 위치하여 명칭도 두 지역 이름을 합성하여 지어졌다.

4대강 개발로 강이 달라지고 길이 달라지고 주변의 문화가 달라졌다. 그러나 그 달라졌다는 의미는 두 가지의 해석으로 나누어져 있다. 하나는 4대강 개발로 인하여 강물의 강약과 과소를 조절하게 되어서 홍수와 가뭄이 개선되었다는 긍정적인 평가이다. 다른 하나는 인위적이고 무분별한 개발로 인해 녹조현상, 생태교란, 환경파괴가 심각하니 다시 원점으로 되돌리자는 부정적인 평가이다. 민생을 위하여 실행한 치수사업과 국토개발에 대한 해석과 평가가 두 갈래로 흩어져 있으니 속히 하나의 강줄기로 막힘없이 흘렀으면 하는 바람이다.

강정고령보는 고령의 대가야 문화와 대구 첨단과학 패션을 콘셉트로 디자인하였다. 연결 다리의 거대한 콘크리트 구조물과 가야금의 현을 상징하는 와이어로 구성된 대형 조형물의 사장교(cable-stayed bridge)이다. 입체적인 교량과 보는 생태적 물길과 시각적 디자인이 혼합된 조형 구조물이다.

물 문화관 디 아크The ARC는 하늘 지구 물의 순환과 강江의 문화를 우아한 기하학적인 접근과 경쾌한 조형미와 예술성으로 표현하고 있다. 물이 가진 양면성인 물결의 잔잔함과 파도의 역동성을 가변적으로 내보이며 바라보는 위치, 조명 빛에 따라서 건축물 외형은 카멜레온처럼 변신한다. 유선형의 건축물은 물고기가 몸을 비틀고 물 위로 튀어 오르는 순간처럼 보인다. 수평의 물 위로 돌을 던지면 물 표면에 닿을 듯 말 듯 순간의 파장은 표면 중력 없이 우아한 곡선으로 수면에 물수제비를 만든다. 직선과 수직 수평이 없고 건축물을 지탱하는 기둥은 보이지 않는다. 금호강 건너편 성서공단 둑길 도로에서부터 강 건너 등불처럼 형형색색 나타나는 디 아크의 경관은 어느 방향을 바라보지 않는 도시의 공공조형물로 나타나고 있다.

2012년 9월 완공된 디 아크는 건물면적 3,761㎡, 지하 1층, 지상 3층 규모로 건축가 하니 라쉬드의 작품이다. 물이라는 공통적 주제 아래 강 문화의 모든 것을 담고 있는 지하 1층의 전시 공간과 아트 갤러리, 1층과 2층 물을 테마로 한 거대한 서클영상 극장, 주변의 자연환경을 감상할 수 있는 3층 전망대로 연결된다. 고령강정보는 4대강 개발의 결과물이다. 강물의 조절 기능역할에 못지않게 물 문화관 디 아크는 새로운 차원의 문화적 조형적 랜드마크 건축으로서 가치를 발휘하고 있는 것이다.

디 아크 로비에 들어서면 방문객을 반갑게 맞이하는 고개 숙인 사람 형상 조형물 수백 개가 곡면 벽에 나란히 도열해 있다. 수많은 인간 조형물들은 물과 어떠한 상관관계와 의미가 있는 것인가? 자연이 선물한 물에 대하여 인간들은 백번 천번 감사해야 한다는 의미가 아닐까? 전시장은 강과 사람, 강과 문학, 강과 음악 등 물과 관련된 다양한 주제가 어우러지는 이야기와 체험의 공간이다.

강이 개발되기 전 이곳은 강변의 습지와 모래밭, 상수원 취수장, 강창교 아래의 매운탕 동네로 오랫동안 기억되어 왔었다. 강정고령보가 생기고 디 아크가 세워진 이곳은 바람을 가르는 자전거들이 줄을 이어 달리고, 여름밤이면 현란한 경관조명 아래로 시민들이 모여드는 환상의 강변이 된다.

또한 강정 강변은 한국 최초의 집단 실험미술 이벤트로 평가되는 1970년대 대구현대미술제가 시작된 장소이다. 지금도 해마다 폭염에 뜨거워진 여름이면 디 아크를 중심으로 '강정 대구현대미술제' 가 열리고 문화적 공간으로 변신하게 된다. 미술제 행사 기간이 되면 디 아크의 조형적 건축은 현대미술과 잘 조화되고 어울려서 또 다른 미술 작품으로서 역할을 하게 되는 것이다.

오래전, 처음 유럽여행을 갔을 때를 떠올려 본다. 식당에서 마시는 물조차도 사먹어야 했고 호텔에도 물을 사갖고 들어가야 했다. 다른

1970년대 '대구현대미술제' 가 시작된 장소이다.
해마다 폭염에 뜨거워진 여름이면 디 아크를 중심으로 '강정 대구현대미술제' 가 열리는
문화적 공간으로 변신한다.
디 아크가 현대미술과 잘 어우러지며 새로운 조형 건축물이 되는 것이다.

것은 몰라도 물을 사서 먹는 나라가 부럽지가 않았고 한심하게조차 생각되었다. 그런데 언젠가부터 우리도 물을 사 먹어야 하는 물 부족 국가가 되었다. 연일 미세먼지가 시야를 가리고 미세먼지 주의보가 발령되는 지금, 공기도 사서 마시는 날이 오지 않을까 염려가 된다.

분지의 도시 대구, 도시가 뜨거운 한여름 밤이면 고령 강정 강가로 나서 보자. 시원한 강바람에 뜨거워진 몸과 마음을 식히며 디 아크에 가서는 지구와 하늘과 공기와 물의 고마움에 감사의 마음을 가져보자.

고령강정보의 자연경관

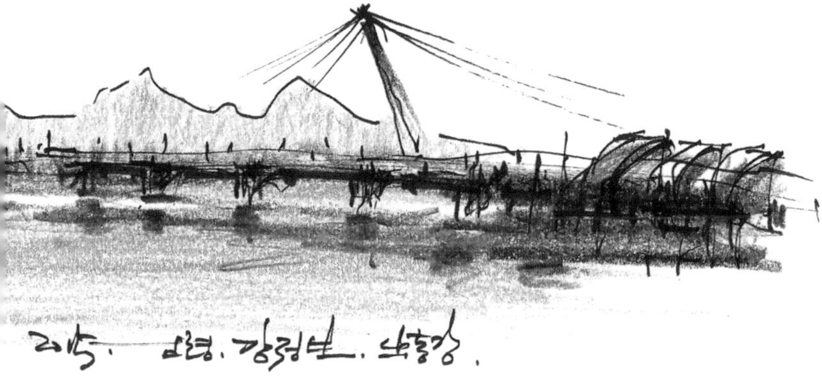

정신문화의 수도 안동, 유교랜드儒教land

동방예의지국으로 불리는 우리나라는 사회적 규범과 인간의 도리에서 예를 갖추는 것을 중요시하며 그 근본 바탕을 유학에 두었다. 따라서 우리나라 정신문화의 뿌리를 유교 문화라 일컬어 왔다. 영남지역은 조선 시대 유생들을 배출한 서원이 전국의 절반 이상 분포하고 있는 유교의 고장이었다. 특히 퇴계 이황, 율곡 이이의 탄생 활동지였고 1,000원권 지폐에도 새겨진 도산서원이 있는 안동은 유교의 중심 도시라 하겠다. 안동시는 '한국 정신문화의 수도 안동'을 슬로건으로 내세우고 있으며 안동으로 진입하는 국도 관문 이름을 동인문東仁門 서의문西義門 남예문南禮門 홍지문弘智門 도신문道信門으로 명명하며 유교 5대 이념인 인의예지신仁義禮智信을 나타내는 솟을대문이 세워져 있다.

햇빛을 받으면 은회색으로 빛나는 티타늄 외장의 표정은 유교랜드 건축의 역설이다.
과거 지향적 고전과 전통적 모습을 내세우지 않고 21세기 문화로서의 유교를 담고
보여주는 밝은 건축의 모습이다.

유교는 공자孔子가 당시까지 전승되어 온 문화와 사상을 집대성하고 체계화함으로써 정립되었다. 사서四書와 오경五經을 바탕으로 중용과 인의예지仁義禮智를 기본적인 덕목으로 '자기 자신을 수양함[修己]'과 '백성을 편안하게 다스림[治人]'을 목표로 삼는 학문이자 윤리강령이다.

정작 중국은 문화대혁명이 시작되면서 공자 유적과 문묘를 철거하며 공자 배척운동이 있었고 이후에도 추앙을 받지 못했었다. 천안문광장에 공자 동상이 세워지고 공자 사상이 복권된 것은 불과 10여 년 전이었다. 그러나 유교 발생지 중국보다도 오히려 우리나라 생활문화 속에서는 나름대로의 유교문화의 맥락을 지속적으로 이어져 오고 있다. 시대와 세대가 바뀌고 삶의 방식이 변하였는데도 생활문화 저변에는 유교적 전통방식을 종교의식처럼 따르는 특이함이 유지되고 있는 것이다.

문화관광단지

놀이형식을 통해서 유교 문화를 체험할 수 있는 유교랜드는 안동문화관광단지에 있다. 연면적 13,349㎡ 크기에 지하 2층, 지상 3층으로 2010년 착공하여 2013년 6월에 준공하였다. 안동문화관광단지는 안동댐과 안동민속촌의 남쪽 산굽이를 돌아서 만나게 되는 지금도 조성중인 미완성의 휴양단지이다.

단지 내 순환도로가 에워싸는 중심자리에 배치하는 유교랜드는 유교라는 선입견으로 예상했던 전통적 한옥 기와집 형식과는 판이하게 다르다. 놀이동산에 있는 테마전시관처럼 단순하고 가벼우며 현대적 형태의 건물이다. 그동안 유교체험은 전통서원 민속 마을 선비마을에 가서 의관을 정중히 갖춰 입고 예의범절을 익히고 교훈을 듣는 공부였다. 어뮤즈 테마파크와 놀이동산 랜드land의 분위기와 딱딱하게 여겨져 왔던 유교儒教를 융합할 수 있다는 발상이 새롭고도 신선하게 여겨진다.

단지 주변의 도로와 조경, 진입광장, 산책로, 연못, 야외공연장도 타원형 건물을 중심으로 파생되는 곡선을 패턴으로 자연과 함께 부드럽게 연결하고 있다. 순환도로 외곽을 연결하며 식물원 '온뜨레피움'과 야외 조형 공간, 골프장, 호텔이 배치되어서 문화관광단지는 규모가 적당하고 조화로운 시설환경이다. 문화관광단지 진입로 주변에는 안동댐, 월영교, 안동민속촌, 시립박물관, 물포럼기념센터 등의 여러 시설이 있어 그야말로 문화와 관광이 함께 있는 단지이다.

유교랜드 건축

유교랜드 건물은 타원 원통형의 단일건물이다. 그러나 입면은 4개의 매스mass로 나누어지듯 보이고 매스 사이는 유리로 연결되어서 무거우면서도 경쾌함이 함께 느껴진다. 4개의 매스는 내부 전시 공간 구성 매스와 그대로 연결된다. 나머지 유리부분은 외부 빛을 받아들이는 오픈 스페이스들이다. 건물 전체적 형상은 하늘을 향해 피어나는 네 개의 꽃잎이 활짝 개화하는 형상이다. 매화를 사랑한 퇴계 선생을 기리는 의미에서 유교랜드 건축을 매화 꽃잎 4장이 모여 있는 것처럼 보이도록 형상화하였다는 설명이다. 건축물에 구체적인 의미와 뜻을 부여하고 상세히 설명하는 것은 일반인들에게는 스토리텔링의 흥미를 유발하는 효과가 있을 것이다. 그러나 건축의 공간 기능 조형을 한 가지 의미로 한정하지 않아야 하며 주관적이며 은유적으로 느끼는 것이 건축 감상의 방법이다.

유교랜드 건물의 외장 재료는 햇빛을 받으면 은회색으로 빛나는 티타늄 판이다. 미국의 건축가 프랭크 게리가가 설계한 스페인 빌바오 구겐하임 미술관의 재료가 바로 티타늄이다. 마치 영롱한 윤슬처럼, 파닥이는 고기비늘처럼 반짝이는 금속성의 표정 덕에 미술관은 더욱 널리 알려지게 되었다. 은박지처럼 가볍고, 태양빛에 따라서 하얗게 보이기도 하고, 흐린 날에는 회색빛을 띠고, 황혼에는 황금빛이 되며 시시가각 변하는 것이 티타늄 재료의 매력이다.

유교랜드 건축은 역설적이다. 과거 지향적 고전과 전통적 모습을 내세우지 않는다. 피어나는 세대들에게 21세기 문화로서의 유교를 담고 보여주는 밝은 건축의 모습이다. 1층 출입문을 들어서면 관행적으로 만나게 되는 무의미한 로비 공간이 생략된다. 중앙 원형무대를 우회하는 타임터널의 입구에 곧바로 들어서게 된다. 2, 3층 공간 구성은 중앙부 선비의 정원을 중심으로 4개 전시 공간 영역으로 나누어진다. 3층 중앙부는 오픈되어서 상부 천창의 빛을 연결하며 3층 카페테리아는 외부 풍경을 감상하는 공간이 된다.

유교문화 체험 테마파크

유교랜드는 놀이형식을 통해서 유교문화를 체험할 수 있는 스토리텔링 테마파크형 전시시설로서 즐기며 체험하는 에듀테인먼트(교육+놀이) 공간이다. 딱딱하고 접근하기 어려운 유교문화를 쉽게 이해하며 특히 젊은 세대에게 사라져 가는 유교적 정신을 각인시키는 공간과 시설이다. 내부에는 국내 최대 규모인 직경 15m, 높이 5m의 원통형 스크린과 16대의 프로젝터로 보여주는 원형입체영상관이 특이하며 퇴계 이황, 율곡 이이, 다산 정약용 등 옛 선비들의 발자취를 다양한 콘텐츠로 보여준다.

오늘날 우리가 살아가는 모습을 보여주는 타임 터널을 타고 현대사회의 문제점을 되돌아보며 복잡한 현세를 벗어나 과거 16세기의 안동마을에 도착하게 된다. 태어나서 성장하는 소년, 청년, 중년, 노년의 삶 과정을 표현한 6개 체험관을 거치면서 관람객 스스로가 유교를 배우며 알아가는 전시 공간으로 구성하였다.

16세기로 역행해 가는 타임터널, 현대사회의 위기를 인식하고 과거 유교문화가 자리 잡았던 안동으로 회귀하는 테마의 터널은 우리의 삶을 되돌아보게 한다. 시간을 거슬러 올라가서 우리 대한민국의 역사 속 모습들과 과거의 선조들은 어떻게 살았는지를 바라보며 삶의 방식을 생각하게 되는 타임터널이다. 타임터널의 끝에는 유교의 세상으로 향하는 문이 있다는 것을 보여준다.

3층 중앙홀 나비가 있는 오픈 공간은 상부 천창의 빛을 연결한다.
카페테리아에서는 외부 풍경을 감상하는 공간이다.

참교육의 공간, 한국의 서원

정신적 학문인 유교를 가르치고 공부하는 공간이 서원이었다. 서원은 조선 중기 이후 학문의 연구와 선현제향先賢祭享을 위해 사림에 의해 설립된 교육기관인 동시에 향촌의 자치 운영기구였다. 서원을 구성하는 건축물은 선현의 제사를 지내는 사당, 교육을 행하는 강당, 숙식 공간인 동재와 서재로 크게 나누어진다. 건축의 배치와 위계질서가 분명한 것이 우리나라 서원 건축의 특징이다.

2019년 7월, 우리나라의 서원 9곳이 유네스코 세계유산으로 등재되었다. 등재된 서원은 영주 소수서원, 안동 도산서원, 병산서원, 경주 옥산서원, 달성 도동서원, 함양 남계서원, 정읍 무성서원, 장성 필암서원, 논산 돈암서원 등 9곳이다. 그중에서 대구 경북지역 서원이 5곳 지정되었다.

서원은 주변 자연경관과 잘 조화되고 한국 특유의 공간디자인과 건축양식을 잘 간직하고 있다. 서원 건축에는 우리 건축의 공간 질서와 형태, 자연환경만이 있는 것이 아니다. 현시대에 와서 사라져 가고 있는 교육의 원칙과 질서, 교육의 참정신이 담긴 공간이 바로 한국의 서원인 것이다.

가벼운 건축,
경주엑스포기념관

도시 전체가 역사박물관이라 일컫는 신라 천년의 고도 경주는 유네스코가 지정한 세계역사도시다. 불국사, 석굴암, 대릉원, 첨성대, 박물관, 남산 등의 유적들은 전역에 널려 있지만 관광 인프라가 밀집되어 있는 지역은 보문관광단지다. 명활산 옛 성터 주변 보문호수를 중심으로 850만㎡(255만 평)의 부지에 관광휴양지와 문화레저시설 등을 갖춘 관광휴양단지다. 경주시 관광객의 90%가 보문관광단지를 찾는다는 통계가 그 중요도를 말하고 있다. 1971년 박정희 전 대통령이 직접 스케치하며 구상했다는 보문관광단지 개발은 선견지명을 가진 계획이라 할 수 있겠다. 이 일대를 중심으로 하는 관광 인프라의 확장은 지금도 계속 진행되고 있다.

보문관광단지에서 토함산으로 가는 동쪽에 경주엑스포문화공원이 있다. 세계 최초의 종합문화박람회로 일컫는 '경주세계문화엑스포'는 1998년 시작되어 그동안 9회 대회를 개최했다. 제4회 대회부터는

경주세계문화엑스포 20년 역사를 보여주는 '경주엑스포기념관'.
황룡사 9층 목탑을 형상화한 '중도타워'가 멀리 보인다.

앙코르와트, 이스탄불, 호찌민 등 세계로 진출하며 개최, 세계 속의 문화 콘텐츠로 확대하고 있다.

경주엑스포 상징 건축은 경주타워이다. 황룡사 9층탑 실루엣을 모티브로 한 건축은 공원의 중심시설 전망대이다. 늦게 조성된 엑스포 공원은 위치적으로 보문단지 전체에 드러나는 시설은 아니다. 2014년에는 엑스포공원 뒷동산 아평지 옆에 솔거미술관이 건립되었다. 공원과 연계한 건축명소와 항시적 문화공간이 확대되었다. 그리고 지난해 봄 엑스포기념관 건축이 정문 입구에 건립되었다.

경주세계문화엑스포기념관

경주세계문화엑스포 20년 과정과 역사를 보여주는 기념관은 일본의 건축가 구마 겐고가 설계했다. 연면적 1,800㎡에 지하 1층 ~ 지상 1층의 단순하고도 간결한 건축이다. 100억여 원 예산으로 2016년 11월에 착공, 2018년 4월 완공했다.

엑스포공원 정문과 노란색 외피로 덮인 기념관 건물을 지나서 동쪽 주차장에 도착한다. 차에서 내려 공원으로 걸어서 진입하게 되면 철골 기둥으로 가볍게 떠 있는 듯한 기념관 건물과 나란히 하게 된다. 도로변으로 긴 장방형의 건물은 공원 안팎을 경계 지으며 보행자에게는 진입 과정의 길을 유도한다. 그 과정에서 건축 조형과 외부 공간 주변의 경관을 바라보게 된다. 보문단지 쪽으로 시선을 돌리면 황룡사 9층탑 형태를 복제한 중도타워의 원경이 기념관 건축 프레임과 함께 조화를 이룬다.

당장 눈으로 확인되는 건물이 외형적으로는 크게 보이지만 실제 건축면적은 길이 124m, 폭 38m 크기의 소규모이다. 단순하고도 특이해 보이는 기념관 건축을 이해하기 위해서는 건축에 담긴 의미를 살펴봐야 한다. 이 건축은 경주 대릉원과 양남 주상절리 이미지에서 모티브를 얻어 디자인했다고 한다. 봉긋봉긋 도드라져 보이는 반구형은 신라 고분의 인상을 건물 지붕 형태로 표현하며 그 반구형은 내부 천장 디자인과 연계하고 있다. 전체적으로 황금 색상은 공원 정문과의 통일성을 엿볼 수 있다. 물의 공간에서 부상하며 지붕 위로 치솟은 판상형은 동해안 해변에 솟아오른 주상절리 지형을 나타낸다. 그 치솟음은 지하 전시 공간 천장과 일체화하고 있다.

철골 기둥과 파고라 공간의 지붕틀 속에서 전시 공간의 건축물은 열매처럼 구성된다. 건축 외곽 틀을 덮고 있는 경량의 격자형 프레임은 시각적으로 가벼워 보인다.

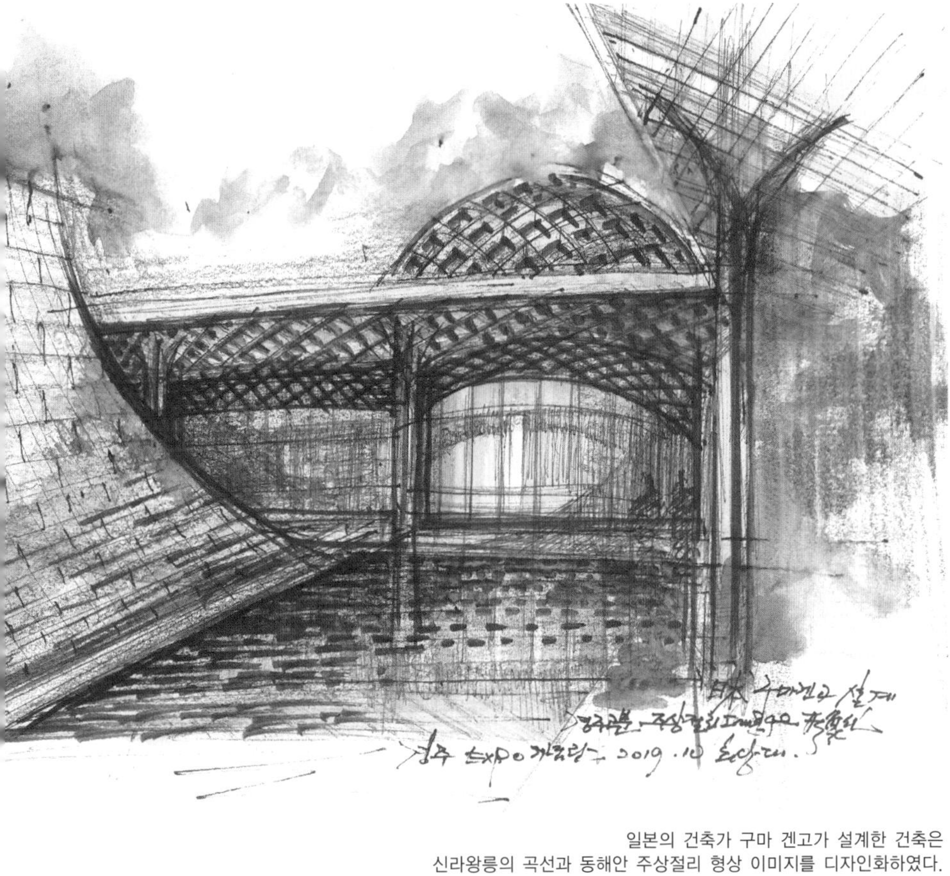

일본의 건축가 구마 겐고가 설계한 건축은
신라왕릉의 곡선과 동해안 주상절리 형상 이미지를 디자인화하였다.

가벼운 건축, 구마 겐고

가벼운 건축은 건축가 구마 겐고가 일관적으로 추구하고 실천하는 건축 콘셉트다. 그는 콘크리트 건축의 유행과 철 유리의 대량생산재, 일률적 건축방법에 반발한다. 자연과의 조화, 유기적 만남, 소통을 통한 동양적 자연관을 건축에 나타내고자 한다.

국내 다른 작품으로는 춘천 '네이버 데이터센터'가 있다. 자연 경사지를 활용, 지붕테라스의 연속 공간으로 땅·물·빛·바람·사람과의 소통을 주제로 하며 그의 방식인 목재루버를 건축 외형으로 표현했다. 그는 2021 도쿄올림픽 스타디움 설계를 하였다.

기념관의 전시 공간

기념관 1층 로비에 들어서면 중앙 안내 카운터와 오픈된 전시 홀 공간이다. 내부 기능은 전시 홀, 기념전시실, 기획전시실 3개 구역으로 구성된다. 1층 전시 홀은 백팔번뇌, 문자의 숲, 문화 팩토리 라운지로 되어 있다. '백팔번뇌'는 108개의 모니터로 구성된 백남준의 미디어 아트다. 모니터 화면을 통해서 동서양 문화와 역사, 불교의 백팔번뇌를 추상적 영상으로 표현했다. '문자의 숲'은 세계 여러 나라 문자를 새긴 스테인리스 미러 패널 기둥들이 나무의 숲처럼 기하학적 간격으로 도열된다. 다른 문자들이 서로 반사되어 세계문화 융합의 숲을 거닐게 하는 중국 작가 우디의 작품이다.

주제 공간인 기념전시실은 외부에 솟아오른 주상절리 형태의 하부 공간으로 좁고 높은 천장에 조형물이 설치된다. 주요 전시는 고대 실

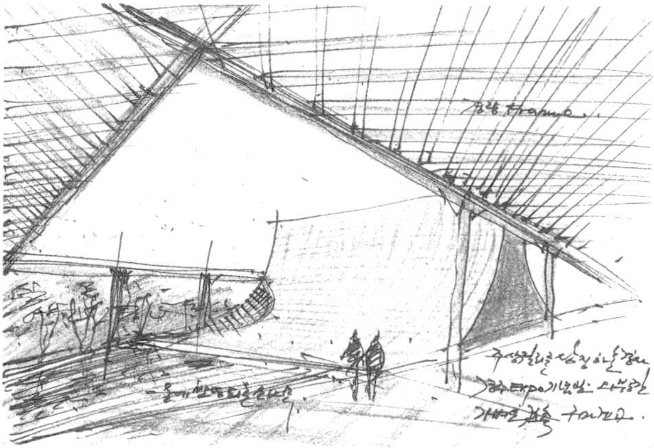

경량의 격자 프레임으로 덮인 건축디자인은
건축가 구마 겐고의 '가벼운 건축' 콘셉트이다.

크로드에서 현재의 경주엑스포로 이어지는 길을 담고 있다.

격년제로 열리던 경주엑스포가 지금은 세계도시로 진출해 개최되고 있다. 행사를 위한 넓은 공간과 시설들은 경주엑스포문화공원으로 상시 개방되고 있다. 그러나 지속적인 방문객의 발걸음을 위해서는 훌륭한 건축가가 설계한 건축을 답사하고 그 안의 문화 콘텐츠를 담아내는 것이 바람직하다. 그것은 곧 세계적인 추세이다. 근간에 솔거미술관(승효상 설계)과 경주세계문화엑스포기념관(구마 겐고 설계)이 세워진 것도 그러한 의도일 것이다.

건축가 안도 다다오 설계의 미술관으로 되살아난 일본 나오시마, 세계 건축가들의 건축으로 명소가 된 스위스 비트라 가구회사의 사례처럼 경주엑스포건축공원이 건축작품 공원으로 거듭날 수 있었으면 하는 바람이다.

옛 공장의 재생 -
복합문화공간 'F1963'

1963년에 설립된 고려제강 공장을 재생한 복합문화공간 'F1963'

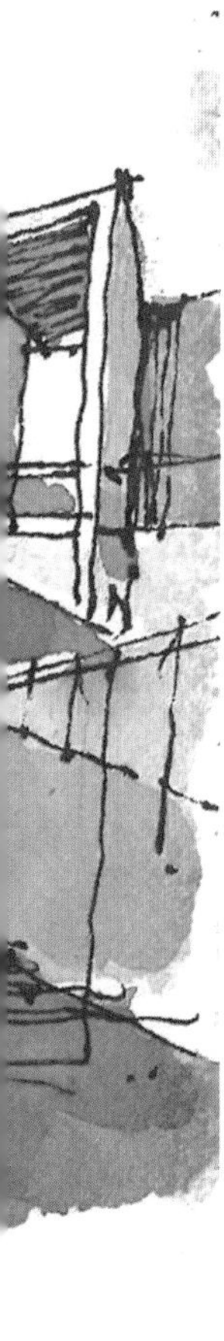

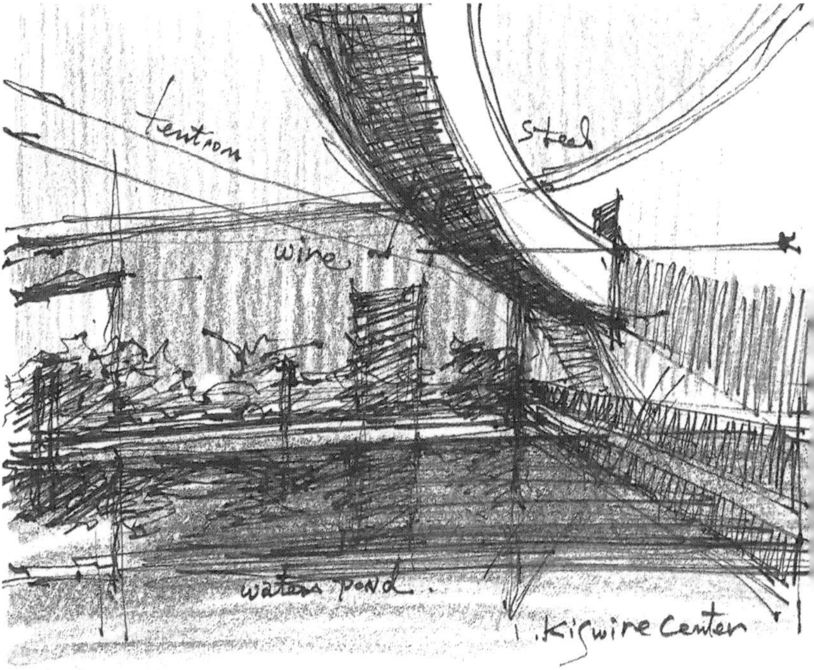

고려제강 역사와 기업을 소개하는 기념관 '키스와이어 센터'.
철제 와이어 생산 회사의 특성을 콘셉트로 설계하였다.

'F1963' 다소 추상적이고 쉽게 기억되지 않을 듯한 이름의 복합문화공간이 부산에 생겨났다. 철제 와이어를 생산하던 고려제강의 옛 공장이 복합문화공간 'F1963'으로 재탄생한 것이다. 팩토리factory의 스펠링 F와 고려제강 설립년도 1963을 더해 'F1963'이라는 이름으로 탄생하였다. 이곳 공장건물은 2008년 이후 생산기능이 종료되었으며 '2014년 부산비엔날레' 전시장으로 사용되면서 새로운 문화공간으로 재탄생하였다.

키스와이어 센터, 기념관

기능을 잃어버린 과거의 공장을 철거하거나 아파트 단지로 변신시키지 않았다. 망미동 언덕지형에 스며들듯 미래지향적 형태의 기업 기념관과 사옥을 조화롭게 배치하고 설계하였다. 건물들의 출입 동선은 지형과 기능에 따라서 자유로이 분리되어 있다. 옛 공장을 지나서 본사사옥의 출입 동선이 있고 옛 공장을 내려다보는 서측 언덕 위 별도의 분리된 동선에는 키스와이어 센터Kiswire Center라는 이름의 기념관, 홍보관, 기업 연수원이 만들어졌다.

고려제강 기념관으로도 불리는 키스와이어 센터는 철제 와이어 생산 회사의 특성을 설계 콘셉트concept로 반영하였다. 기념관 파사드는 입구에서부터 노출 콘크리트 벽을 지탱하는 듯 와이어의 텐션tension 구조를 디자인으로 적용하여 긴장감을 준다. 광안대교의 케이블을 제작한 회사답게 와이어의 장점과 특성을 건축 구조에 적용하여 기둥이나 보 없이 28개의 와이어만으로 지붕을 지탱하는 설계로 지어졌다.

내부 나선형 계단중력은 와이어 구조에 매달려 있다. 야외 데크 물의 공간에 올라 보면 수영만과 해운대 센텀시티 경관이 한눈에 들어온다.

복합문화공간 'F1963'

옛 공장을 복합문화공간으로 재생한 'F1963' 은 도로에서는 깊숙이 안쪽에 위치하고 있어 방문객의 눈에는 바로 드러나지 않는다. 미루

과거 공장 내부는 대형 전시 공간으로 재생하였다.

옛 공장 내부 '카페 테라로사', 주요 구조물과 분위기를 그대로 살려서 넓은 공간에
기계 설비들을 인테리어 소재로 배치했다.

나무와 맹종죽 숲으로 길게 조성된 150여 미터 길은 도시가 아닌 전원적 힐링을 주는 사잇길이다. 길의 바닥은 공장의 폐 콘크리트 조각을 박석처럼 거칠게 깔았고 작은 벤치 부재들도 공장 폐자재들을 사용하여 진입에서부터 공장 재생의 흔적들을 보여주고 있다. 'F1963' 은 공장건물 측면으로 진입하기에 전면은 전체 규모에 비해서는 작고 왜소해 보인다.

'F1963' 은 국비 포함 총 32억 원을 투자하여 탄생한 도시재생사업이다. 부산시와 문화재단, 고려제강의 마인드가 탄생의 주역이다. 그리고 이러한 건축과 공간을 설계하고 디자인하는 건축가의 열정과 훌륭한 아이디어가 있었으리라. 옛 공장 형태와 기본골조 이외의 나머지는 공간 운영 목적에 맞게 벽을 세우고 다시 디자인되었다. 그러나 여느 재생 건축보다도 인위적인 느낌이 적다. 공장은 시차를 두고 지어진 듯, 기다란 여러 개의 공장건물이 연결되어 내부 기둥 간격이 다르고 공간 크기, 구조, 지붕 형태가 다르다. 콘크리트 바닥은 일부 깨어지고 균열이 갔다. 불안한 기둥과 오래된 지붕은 철골구조로 보강을 했다. 배치된 과거 기계 설비들은 1963년부터 54년간 생산 흔적이 그대로 배어 있는 듯하다. 전체적 배치는 가운데의 외부 공간을 두고 공장건물들이 둘러싸고 있다. 비어 있는 중정은 이벤트와 공연 시상식을 행하는 다목적 기능 공간이다. 중앙부의 건물을 철거하여 옥외 빛의 공간을 구성했으리라고 추측해 본다.

'F1963' 은 두 가지 유형으로 사용된다. 행사 시에는 공장 전체가 대형 전시 공간이요, 평상시에는 일부의 상업 공간이다. 당연히 공장의 공간들은 대형 전시행사가 아니면 가용성이 없으며 일상적 발걸음과 활동성을 배제한 공간은 생명력이 없는 시설이라고 할 수 있다.

입구 홀 건너 중정은 햇볕이 잘 드는 곳이다. 그 중정을 면하여서 좌우로 카페 매장들이 배치되어 있다. 전시행사가 없을 시에는 나른한 일상의 한낮 휴식 공간이 되는 분위기이다. 카페 테라로사, 수제 막걸릿집 복순도가, 수제 맥줏집 프라하 994 등 다양한 매장들이 입점해 있다. 중고서점 예스24 F1963점도 둥지를 틀었다. 서점에는 문학, 인문, 역사, 경제 등의 분야별 중고도서 약 20만 권을 갖추고 있다. 특히 카페 테라로사의 인테리어는 낯설지 않은 격조를 나타낸다. 폐공장의 구조 분위기를 그대로 살려서 넓은 공간에 낡은 원동기 모터 등 기계 설비들을 인테리어 소재로 배치했다. 이곳을 찾는 사람들은 커피와 책과 내부 분위기에 취하여 오랜 시간 머물며 여유롭다.

건물과 땅의 재생, 그 가치의 발견

되돌아보면, 우리 도시 주변에는 오래되거나 용도와 기능이 폐기된 공장이나 창고가 흔하게 있어 왔다. 불과 십수 년 전에는 넓고 큰 공장과 부지일수록 효용성과 땅값에서 오히려 부담이 되기도 했다. 고층 아파트가 지어지고 상가 할인매장 멀티플렉스가 생겨나면서부터 넓은 공장, 큰 창고의 부지들은 시행사와 건설사의 타깃이 되기 시작했다. 시간이 흐를수록, 땅값이 오를수록 과거의 건물과 땅들이 남아서 존재하기란 불가능했다. 지금에 와서는 오랜 세월의 땅과 건물이 물질적 욕구에 떠밀려 사라져 버렸음을 아쉬워하기도 한다. 재생의 노력은 존재하고 있을 때만 유효한 것이다.

전국의 구 연초제조창들이 문화 예술 공간으로 거듭 태어난 사례는 대구의 '예술발전소' 를 비롯하여 여러 도시들에서 볼 수가 있다. 연초제조창은 민영이 아닌 관영이었던 탓에 수익을 따라 곧바로 매각되지 않고 존속될 수 있었을 것이다. 민영 고려제강은 공장부지를 매각하거나 철거 신축하지 않고 지켜온 기업이었다. 그곳을 지방자치단체와 문화행정이 눈여겨 살펴봤고, 문화적 마인드의 실천 협력이 있어 'F1963' 이 가능했을 것이다.

깨끗함과 밝음에 익숙한 도시 현대인들에게 낡고 칙칙한 폐공장이 새로운 공간으로 가치를 발휘하기 시작했을까? 컨벤션 등의 대형 고급시설과 깨끗한 갤러리 공간에는 충분히 익숙해져 있다. 귀중한 예술작품이 허술한 판자 사이로 빛이 새어 들어오는 공장 창고, 균열이 나간 거친 바닥에서 전시될 수 있다는 것도 신선한 감상거리인 것이다. 사라져 버릴 수 있었던 과거의 건축 공간은 앤티크 가구보다도 더 귀한 건축 희귀품일 수 있다.

옛 공장 산업시설의 문화예술공간화의 대표적 사례로 베이징 '따산즈 198' 지역을 이야기한다. 군수 무기 공장이었으나 냉전이 끝난 후 공장이 다른 곳으로 이전하면서 쇠퇴하였다. 대기업이 공장지구를 인수해 고층 아파트 개발 예정이었다. 가난한 예술가들이 공장건물을 임대하여 2001년 작업실과 화랑으로 개장, '북경 Floating World' 라는 전시를 개최하면서부터 세계적 문화 예술지구로 알려지기 시작하였다. '따산즈 198' 의 매력은 시간의 흔적이 그대로 남아 있다는 것이

과거 공장 사이 마당은 행사 이벤트 공간으로 전환되었다.

다. 문화혁명의 붉은 선동 문구가 그대로 남아 있고 배관, 물탱크, 모터, 터빈 등 공장 부속품들이 독특한 설치미술이며 독특한 예술 공간으로 만든다.

'F1963' 입구 왼편에는 도시 소비생활 기능의 대형할인매장 건물과 주차장이 버티고 서 있다. 오른쪽 언덕 위에는 미래를 지향하는 코끼리 로고마크의 '키스와이어' 새 건물이 길게 나타난다. 그 중심부, 보이지 않는 미루나무와 맹종죽 숲길로 들어서면 오십여 년 전으로의 시간여행을 떠나게 된다. 과거와 현재, 미래의 시간과 공간, 건축이 함께 공존하는 장소이다.

4
건축, 길을 열다

과학의 미래, 국립대구과학관

'국립'이라는 시설

서울이 아닌 지방도시에서 '국립'이라는 이름의 시설은 특별하게 여겨질 수밖에 없다. 살펴보면 이미 오래전부터 가까이에 있어왔던 국립에서부터 최근에 생겨나서 잘 모르고 있었던 국립도 있다. 대구에는 이미 알고 있었던 국립경북대학교, 국립대구박물관에서부터 국립대구과학관(2013년 12월 개관), 국립대구기상과학관(2014년 개관)이 있다.

남한 인구의 절반 이상이 모여 사는 수도권에 역시 국립이 집중되어 있고 수도권의 전유물인 양 여겨왔다. 그 개선책으로 지방분권과 제2행정도시가 거론되어 왔고 지금은 중앙 행정부서들이 옮겨간 세종자치특별시가 세워졌고 국책기관과 본부들을 지방 분산하며 '혁신도시'가 조성되었다. 아직도 수도 서울에서만 누릴 수 있는 특권 중 하나는 국립 문화시설을 활용하는 것이 아닐까? 국립중앙박물관, 국립미술관, 국립중앙도서관, 국립극장, 국립오페라, 국립합창단 등등의 문화시설 기관은 다 같은 세금을 내면서도 수도 서울시민들에게 수혜가 가는 시설들이다.

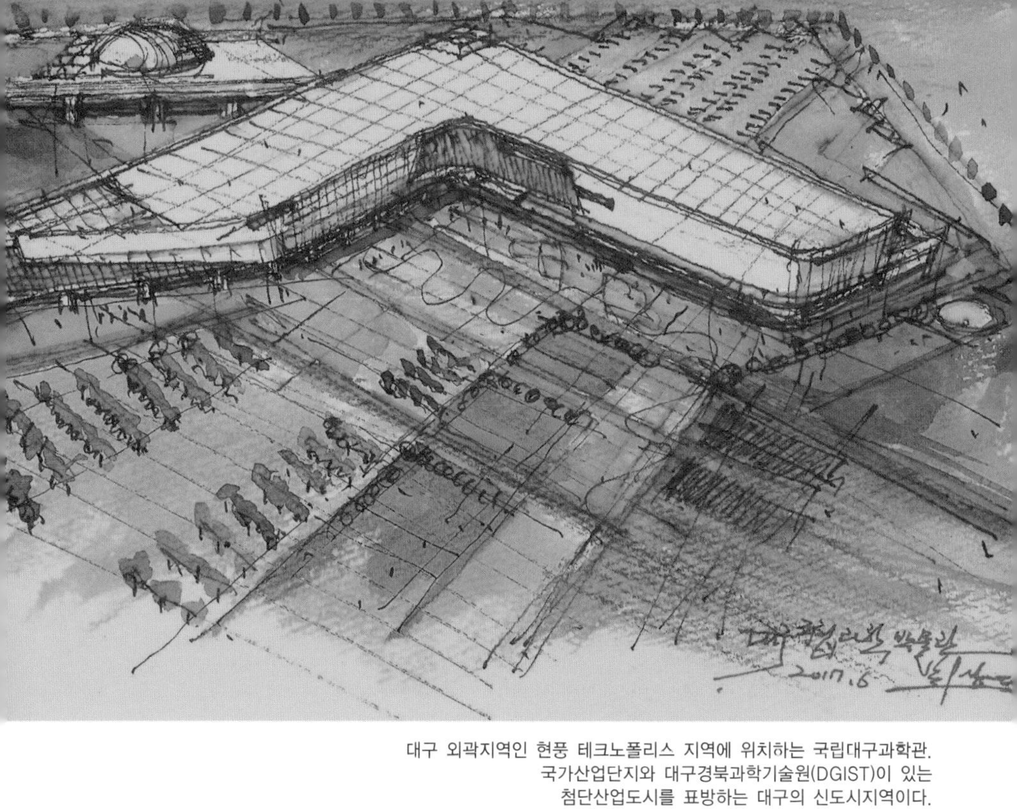

대구 외곽지역인 현풍 테크노폴리스 지역에 위치하는 국립대구과학관.
국가산업단지와 대구경북과학기술원(DGIST)이 있는
첨단산업도시를 표방하는 대구의 신도시지역이다.

테크노폴리스Techno-polis

국립대구과학관이 위치하는 테크노폴리스는 대구 외곽지역인 비슬산 아래의 현풍지역으로 국가산업단지와 대구경북과학기술원DGIST이 들어서며 첨단산업도시를 표방하는 대구의 신도시 지역이다. 이곳은 수성IC에서부터 파동, 상인, 달성, 현풍IC에 이르는 대구 남부 순환도로의 종착지역이다. 과학科學, science을 표현하고 전시하는 과학관이 테크노폴리스Techno-polis라는 이름의 신도시에 관련하는 것은 타당하게 생각된다. 그러나 미래기술 집약형 산업과 첨단연구 도시의 명분에는 이르지 못하고 있다. 테크노 공원을 중심으로 첨단융합연구캠퍼스인 대구경북과학기술원이 있고 자동차 부품공장들이 들어선 국가산업단지, 오피스텔, 상가건물의 배후시설과 아파트단지가 형성된 신도시 지역이다.

아파트 단지 이름에서부터 전국의 수많은 신도시에는 테크노시티Techno-city 또는 테크노밸리Techno-valley 명칭을 사용하고 있다. 새롭게 조성되는 위성도시들마다 미래지향적이며 젊고 참신한 새 도시 이미지를 나타내고자 하는 명칭일 것이다. 테크노시티, 테크노밸리에는 미래 첨단 기술형 산업과 연구 기능을 하는 업체가 입주하고 그 종사자들이 거주하는 쾌적한 배후 도시가 테크노Techno의 이상향이다. 하이테크 이미지의 미래지향적 건축과 신도시와 그에 걸맞은 경제적 기반과 인프라 형성이 바람직하겠지만 사회적 경제적 도시적 여건은 아직 그에 미치지 못한다.

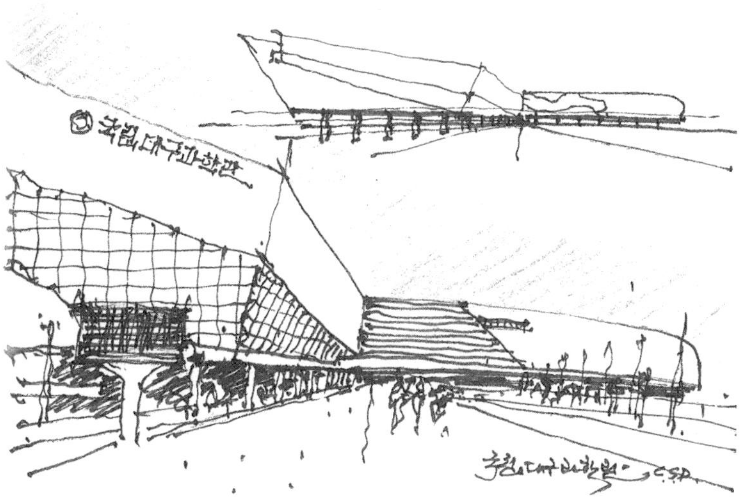

과학관 건물은 기하학적 선형건물로서 각도를 중첩,
우주선이 내려앉듯 첨단 혁신적 디자인으로 과학관의 이미지를 강조하고 있다.

중앙 집중성을 강조한 전시관 로비 홀 공간.

국립대구과학관

국립대구과학관(달성군 유가면 테크노대로 6길)은 2013년 12월에 개관했다. 그러나 테크노폴리스에 위치하여 개관 10여 년이 지났지만 일반 시민들에게 잘 알려지지 않은 듯하다. 외곽의 신도시에 위치한다는 점, 과학관은 어린 학생들이 이용한다는 관념에 머물고 있다는 점이 일반시민들의 관심을 받지 못하는 원인이다.

국립대구과학관은 기능의 본질과 상관없는 관심사로 시민들에게 알려졌다. 영화 〈강철비〉의 촬영장이 되면서이다. 북한 내부 쿠데타로 시작된 한반도 핵전쟁 위기를 다룬 영화의 촬영 장소로 쓰인 과학관 건물에는 개성공단 시설로 보이게 붉은 글씨의 공산당 구호와 전투적 배경 그림들이 설치되었다. 하필이면 북한의 핵실험 미사일 공격설로 국내외 정세가 민감한 시기였기에 촬영 중단, 철수를 요구하는 일부 시민들의 항의 집회와 인터넷 여론이 뜨거웠었다.

과학관의 건축, 공간시설

테크노폴리스 신도시의 넓은 부지에 신축된 과학관은 현실적 제약을 받지 않고 자유롭게 첨단 미래를 표현하고 상상의 건축을 그릴 수 있는 건축적 환경이다. 남북으로 긴 장방형 부지에 중앙건물을 중심으로 차량은 동쪽, 보행자는 서쪽 게이트로 진입한다. 과학관 건물은 기하학적 선형건물로서 90도, 135도 두 개의 각도를 중첩하면서 배치되며 넓은 사이언스 광장과 휴게녹지의 사선 패턴으로 조화시키고 있다. 300m 수평 길이가 강조된 긴 건물에는 출입구가 4개이며 ㄱ 자 형태의 건축 배치는 부메랑을 닮아 속도감과 역동성을 강조하고 있다. 우주선이 가볍게 내려앉듯 첨단적 혁신적 디자인을 기대한 과학관의 이미지는 유난히 수평적 건물 길이만 강조되어 보인다.

과학관은 부지면적 117,174㎡, 건축 연면적 24,007㎡이며 지하 1층, 지상 3층의 규모이다. 주요시설로는 상설전시관1, 상설전시관2, 기획전시실, 어린이관, 과학마당, 4D영상관, 천체투영관으로 구성된다. 본관 1층 로비 홀에 들어서면 대형 물시계가 상징 조형물로서 중앙에 배치되지만 전체 공간을 장악하지는 못하고 있다. 높이 11m의 세계 최대 규모의 물시계는 프랑스의 물리학자이자 예술가인 버나드 지통의 작품으로 끊임없이 나아가는 과학의 발전과 영속성을 표현하며 과학과 예술을 융합시킨 통섭적 사고를 표현한다.

전국의 여섯 개 국립과학관 가운데 가장 최근 개장한 국립대구과학관은 지역 산업과 연계한 최초의 산업과학기술관이다. 지역의 한의학, 섬유, 로봇 산업, 그리고 지구환경관측시스템을 비롯한 과학 분야에 미술과 음악 등 타 장르를 연계한 체험 프로그램을 다양하게 담고 있다.

본관은 국립대구과학관의 중심으로 각 전시실을 연결하며 상설전시 공간에서 옥상정원이 있는 천체투영관으로 연결된다. 1전시관이 자연과학을 다룬다면 2전시관은 미래과학을 다루고 있다. 지구환경관측시스템에서 인공위성으로 관측한 우주의 실시간 영상을 보고 있으면 우주 한가운데 서 있음을 실감케 된다. 2전시관의 라이프코스터는 풍력, 태양력, 수소력 등 인류 미래의 그린 에너지를 체험케 한다. 천체를 관측할 수 있는 '천지인학당'은 공간 체험 교육을 위한 별도의 건물이다. 체험 활동과 프로그램이 다채롭게 운영되는 교육실과 실험실 숙박 시설을 함께 갖춘 복합형 캠프 시설 공간이다.

과거, 그리고 미래의 과학관

기억에 남아 있는 어린 시절의 과학관은 별자리 그림이 그려진 둥근 돔 천장이었고 건물 외관에도 그대로 나타나는 둥근 돔은 과학관의 상징이었다. 지금은 3D 영상으로 천체망원경으로도 별자리를 체험하지만, 그때는 어둠 속에서 형광 페인트로 그려진 정지된 별자리 그림을 바라보는 것조차도 신비로웠던 시절이었다. 최신 학습기기와 오락게임, 영상시스템이 발달한 지금의 환경에서는 어린이와 학생들에게 과학관은 더 이상 흥미와 신비로움의 대상이 아니다.

과학관 공간은 언제 어느 때에 방문하여도 똑같은 내용의 전시관이 되어서는 안 될 것이며, 특별기획전의 가치는 한층 더 중요하리라 생각된다. 한 번 찾는 시설이 아니라 수시로 관람할 내용이 있고 어른들도 발걸음하게 하는 수준과 관심 가질 수 있는 기획전이 수시로 열릴 수 있어야 할 것이다. 그동안 2030 미래도시전, 몽골 대초원 동물특별전, 기상기후 사진전, 미디어 아트전, 바이러스 특별강연, 바이러스의 비밀 등의 주제로 특별기획전이 열렸다.

파리 북부 라빌레뜨 공원 지역의 '산업과학박물관'은 세계 관광객들이 모여드는 명소이다. 과거 도살장 건물을 개조하여 만든 95,000㎡ 대규모의 전시장은 지구에서 우주, 물질과 인간, 미래의 유전공학을 추상적 방식으로 전시한다. 65m span의 건축구조물, 유리 커튼 월 건물 벽, 자동조절 톱라이트 조명장치 등 첨단공학과 과학적 건물 자체가 곧 전시 공간이 되고 있다.

국립대구과학관 1층 로비에는 2017년도 노벨상 수상자 사진과 연구업적이 커다랗게 걸려 있다. 수많은 꿈나무들이 과학관을 찾아오고 과학의 꿈을 크게 키우는 장소가 되어서 미래의 노벨상 수상자가 되었으면 하는 바람을 가져본다.

국립대구과학관 전경. 기하학적 각도로 배치된 300m 길이의 선형(線形) 건물이다.
ㄱ자 형태의 건축 배치는 속도감과 역동성을 강조하고 있다.

교육 정신의 기록,
대구교육박물관

대구교육박물관 전경, 폐초등학교를 리모델링하여 탄생했다.

대구교육박물관 1층 로비 홀, 갤러리 공간에 있는 교육박물관을 상징하는 대형 연필 조형물

대구는 '대한민국 교육의 수도'라는 슬로건을 내세우고 있다. 높은 교육열과 진학률을 내세우고 있지만 정작 제도권 학교 밖의 교육 문화적 인프라도 중요한 것이다. 다행히도 우리 도시 안에서 새로운 교육문화공간 대구교육박물관이 탄생했다. 옛 대동초등학교(북구 대동로 1길 40) 건물을 리모델링하여 지난 2018년 6월 개관하였다.

박물관이라 하면 오래된 과거의 역사적 유물을 전시 보존하는 박제된 공간이라는 고정적인 관념이 있다. 박물관은 문명과 인간 생활의 변화에 따라서 소멸하고 사라지는 것에 대하여 기억하고 잊지 않아야 하는 시간의 저장 공간이다. 현대사회에는 광범위하고 다양한 콘텐츠의 박물관과 뮤지엄들이 생겨나고 있다. 박물관은 종합 문화공간으로 변화하고 있는 것이다.

교육, 학교의 변화

한참을 거슬러서, 조선 태조는 나라를 세우면서 한양에는 성균관, 지방에는 향교를 설치했다. 1543년 최초의 백운동서원(소수서원)이 세워지면서부터 지방의 사학私學서원이 생겨났다. 1871년 서원철폐령이 내려졌지만 47개 서원은 현재까지 존재하며 현대생활 속에서 전통적 유학 교육 정신의 흔적을 찾을 수 있다. 한국의 서원 9곳이 유네스코 세계문화유산으로 지정(2019년 7월)되어 그 가치를 보존하기에 이른다.

소학교로 불리던 최초의 초등교육기관은 갑오개혁 이후 근대적 교육제도를 도입하는 과정에서 생겨났다. 일제강점기 1941년부터 국민학교로 호칭되었고 광복 50주년을 맞아 김영삼 정부의 역사 바로 세우기 일환으로 1996년부터는 초등학교로 불리었다. 국민학교라는 명칭은 나치독일의 전체주의 폴크스슐레Volksschule 교육을 상징하던 명칭으로 일제강점기에 황국신민을 양성한다는 교육정책의 발로였다.

기성세대는 '초등학교' 시대의 기억이 아스라이 남아 있을 것이다. 교문을 들어서면 플라타너스 그늘의 운동장, 태극기 국기게양대가 중심인 국민학교는 항상 반듯한 대칭 건물이었다. 교사동 앞에는 학년별로 구획된 화단과 연못과 세종대왕, 이순신 장군, 신사임당, 이승복의 동상과 조형물이 서 있었다. 아침 조회시간이면 땡볕 아래 열중쉬어 자세로 교장 선생님 훈시를 들었다. 국민교육헌장을 외우고 국기하강식, 국기에 대한 맹세를 할 때에는 그 자리에 부동자세였다.

2층 연결복도 공간

오늘날 시골과 지방의 인구가 줄어들면서 오래된 학교가 폐교되고 있다. 재건축 재개발로 지도가 바뀌고 새 아파트 지역에는 인구가 집중되어 새 학교가 들어선다. 무리하게 강행한 재개발 사업으로 100년이 넘게 수많은 학생을 배출한 학교의 역사도 이름도 땅의 흔적도 개발이라는 명분 아래 사라져 버리기 일쑤다.

대구교육박물관의 건축

부지면적 14,002㎡에 연면적 5,270㎡ 규모의 박물관은 대구의 교육역사를 한눈에 보여주는 종합 교육문화공간으로 영남권 최초의 교육박물관이다. 대구시 교육청이 3여 년간 준비하여 지역 인사들과 기관 및 시민들의 기증으로 수집한 2만여 점의 교육관련 유물을 소장 전시하고 있다.

박물관은 경북대학교 북쪽 복현사거리 골목 안쪽에 위치하여 접근성 면에서는 잘 드러나 보이지 않는 곳이다. 그러나 과거의 대동초등학교였던 운동장 마당은 넓은 주차장 공간과 여유로운 정원을 제공하는 장점을 갖고 있다. 서쪽의 정문으로 진입하면 두 동의 나란한 건물 측면을 만나게 된다. 두 건물 사이 비어 있는 중정 공간을 통하여서 주 진입 동선을 형성하고 있다. 동쪽의 막힌 벽면은 두 건물을 연결하는 복도로서 전체적으로 4층 ㄷ 자 형태의 건물 배치이다.

과거 학교 건물을 리모델링한 건물의 전면은 컬러 폴리카보네이트 재료를 구성하여 현대감각의 가벼운 입면으로 재구성하였다. 내부의 전시 공간 벽면이 전체적으로 설치되고 외부 입면은 단순 의장용일

뿐 기능적 창문은 아니어서 디자인 구성이 자유로운 것이다. 진입 주차마당에서는 건물 측면 벽이 정면으로 노출되어 '대한민국 교육의 수도, 대구' 라는 사인보드 벽이 경쾌한 표정으로 보인다. 과거 학교의 흔적으로 북측의 입면 한 부분을 그대로 남겨서 학교를 거쳐 간 졸업생들에게 보물찾기와 같은 회상의 편린이 되게 하였다고 한다.

남측 건물 1층 출입문을 들어서면 갤러리 명칭의 로비 홀을 만난다. 학교건물의 한계를 극복하여 2개 층 구조를 오픈, 박물관 메인 공간으로서의 상징을 확장시키는 공간으로 설계하였다. 교육을 상징하는 듯 오렌지색 대형연필 조형물이 바닥에 글씨를 남겼다.

- 꿈을 담아 갑니다 -

대구교육박물관의 전시 공간

박물관 전체 기능은 크게 전시실과 체험학습실로 구성된다. 기획전시실을 비롯하여 교육역사관, 대구교육관, 문화체험실, 학교체험, 무빙 VR실 등 다양한 전시와 교육체험 프로그램과 교원 직무교육 프로그램까지 제공한다. 2개 동 건물 4개 층과 복도를 연결하는 전시 동선은 상하좌우로 이동하면서 가끔 위치와 방향성을 잊어버리게도 하지만 주제별 전시 공간의 연속성은 지루하지 않게 구성하고 있다.

1층 기획전시실에서는 '한국전쟁, 대구피난학교 - 전쟁 속의 아이들' 을 전시한다. 기획전시실의 전시는 주제별로 연간 2회 예정되어 있다

2
대구 교육 박물관

교육역사관에서는 우리말 말살의 일제 식민 교육, 조국 광복운동, 6.25 전쟁의 피란학교, 근대산업시대, 민주화 그 역사의 소용돌이와 혼란 속 교육의 가치와 변모 과정들을 볼 수 있다.

특히 1937년에 기록된 한국판 '안네의 일기' 는 박물관 5대 유물 중 하나로서 일제강점기의 교육 현실을 보여주는 귀중한 역사자료이다.

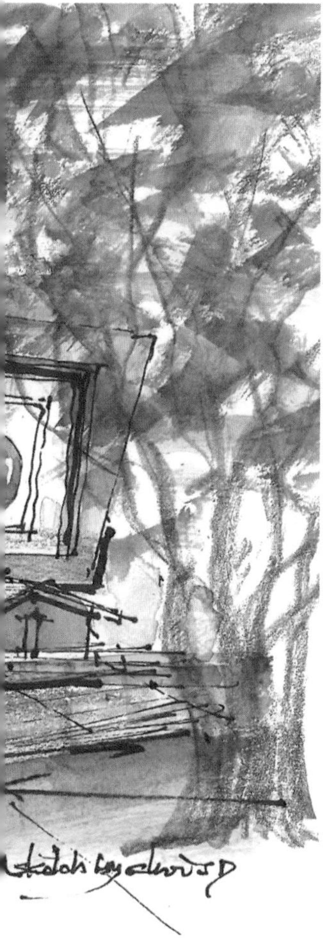

사라지는 학교

학교가 폐교하거나 이전하면서 특히 시골이나 변두리 학교를 리모델링한 사례가 많아졌다. 도시 외곽의 폐교들은 예술가들의 작업장이나 문화공간으로 주로 활용되고 있다. 그러나 정작 학교와 교육의 역사를 담는 교육박물관으로의 재탄생은 실로 늦은 감이 있다.

타 기능으로 전환하더라도 사라지기 전 학교의 모형이라도 운동장 한편에 세운다든지 또는 교실 한 칸에 그 학교의 기록을 보존했으면 하는 아쉬움이 남는다. 폐교를 좀 더 다양하고 입체적으로 사용할 수는 없었을까.

신라 천년의 서라벌, 황룡사 9층 목탑

천년고도의 왕경, 서라벌

신라 천년의 고도 경주는 BC 57년 건국 이래 992년간 56대 왕에 걸친 천년 왕조를 이어온, 세계에서도 유례가 없는 신라왕국 서라벌의 본토이다. 다행히도 6.25 전쟁의 피해를 크게 입지 않아 신라의 문화유산과 동질성을 고스란히 지켜온 우리나라 최대의 유물유적이 온전히 보존되어 있는 거대한 야외 박물관이라 할 수 있다.

최근, 경주시 전체를 세계문화유산으로 지정하기 위한 준비와 왕경 복원사업이 추진 중이다. 새로운 천 년을 준비하는 경주의 최대 현안으로 2025년까지 황룡사를 비롯한 월성, 동궁과 월지, 월정교, 첨성대 주변, 대릉원 일원 유적을 발굴하고 옛 건물과 왕경을 복원하는 사업이 진행되고 있다.

경주에는 불국사, 석굴암, 안압지, 고분 등의 수많은 유적과 건축이

EXPO 경주 TOWER
중도 TOWER
2019.

있지만 역사적 유산들은 원형에 가깝게 다시 재현하고 복원한 건축물이다. 얼마나 원형에 가깝게 고증되어 복원하고 중건했느냐가 관건이지만 새 모습에서는 역사 속의 상상과 신비감은 한정되고 만다. 원초적 흔적과 미완성의 유적에서 그 상상적 감동이 더 발하기도 할 것이다. 오히려 구체적으로 나타난 형태에서 그 상상의 꿈은 사라지기도 한다. 지금도 텅 빈 황룡사의 터에서 사찰과 목탑의 더 큰 위용을 상상할 수가 있었다.

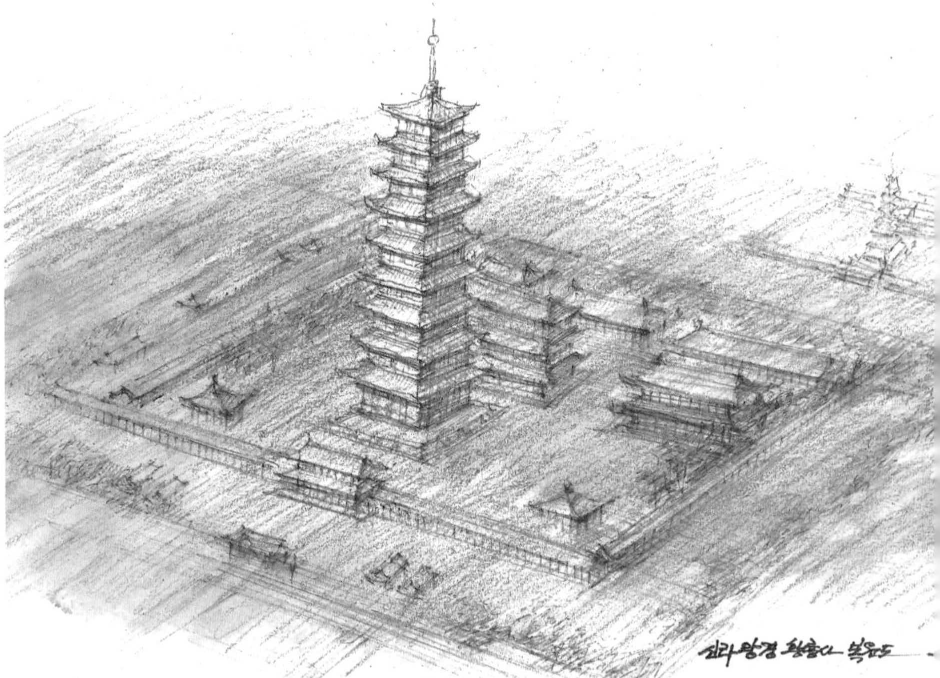

신라왕경의 중심 '황룡사 9층 목탑' 복원 이미지

황룡사 9층 목탑皇龍寺九層木塔

황룡사는 신라의 사상과 예술에서 차지하는 비중이 가장 큰 사찰이다. 진흥왕 14년(553년)에 새로운 궁궐을 짓다가 황룡이 나타나 이를 불사佛寺로 고쳐서 황룡사라 하고 17년 만에(569년) 완성하였다. 황룡사 9층 목탑은 선덕여왕(643년) 때 지었으니 1,370여 년 전으로 추정한다. 9층 목탑은 인접한 아홉 나라의 침략을 막기 위해 9층으로 건립한 호국불교의 상징이자 삼국을 통일하고자 하는 신라의 간절한 소망을 담은 건축이었다. 탑의 건립을, 삼국 가운데 가장 약소국이었던 신라가 한반도를 통일하게 한 원동력으로 여기고 있다.

황룡사 역사문화관에서는 사찰과 탑의 모형과 영상을 전시하고 있다. 그러나 추측일 뿐 목탑의 정확한 규모는 기록에 없다고 한다. 한 변이 20m가 넘는 7칸의 목탑은 현재 남아 있는 주춧돌과 30톤의 심초석으로 규모와 위용을 상상하며, 경주 남산 기슭 바위에 새겨져 있는 목탑 그림으로 형상을 추정하는 것이다. 황룡사는 솔거의 소나무 벽화 이야기가 전해지기도 한다.

상륜부上輪部까지 9층탑의 높이는 80m 이상으로 아파트 32층 규모의 초대형 건축물로 추정한다. 당나라 유학에서 돌아온 자장慈藏 율사가 탑의 건립을 주창, 적대국인 백제의 장인匠人 아비지阿非知를 초빙하여 완성했다. 지금으로 말하자면 기술협력 통일기원 프로젝트인 셈이지만 아이러니하게도 20년 후 백제는 신라에게 무너지고 말았다.

통일신라 이후에는 불세출의 건축가이자 조각가 김대성이 등장하였으며 불국사, 석굴암, 안압지 등을 축조하며 건축 르네상스 시대를 열었다고 하겠다.

탑의 높이와 규모는 종교적 의미를 넘어서 삼국을 통합하며 외세에의 안녕과 번창을 열망한다. 서라벌 황룡사 9층 목탑은 18만 가구 서라벌에 우뚝 솟은 랜드마크이자 전망타워였다. 그러나 왕건에게 나라가 망하고 고려 고종 25년(1238년) 몽골의 4차 침입으로 소실되어 780년 동안 빈터를 지키고 있다.

'황룡사 9층 목탑'을 현대건축으로 재창조한 보문단지 '중도타워'

중도타워, 경주타워

황룡사 목탑을 복원하여 만들었다는 중도타워가 보문 못 동편에 세워졌다. 대중불교운동을 벌이는 모 철강회사 회장이 사재를 들여 2011년 착공해서 5년 만에 완공되었다. 중도타워 건축 규모는 연면적 5400여 ㎡에 지하 1층, 지상 9층이다. 높이 68m의 꼭대기 9층에 법당 명상실이 있다. 전체적으로는 호텔객실과 세미나실, 리셉션 홀, 연수원 등이 있다. 2017년 경주 세계문화유산도시 총회가 이곳 리셉션 홀에서 열렸다.

중도타워는 황룡사 목탑과 달리 철골구조에 목재 마감으로 지어졌다. 9층탑을 복원한다는 의미에서 모두들 전통적인 목구조 방식으로 지어지기를 바랐을 것이다. 현대적 기술로는 목탑 복원이 불가능해서인지, 아니면 건립자 철강회사의 이미지를 충실히 나타내기 위한 합리적 건축 때문인지는 알 수가 없다. 그러나 분명한 것은 신라의 목탑이 아닌 현대적 건축으로서의 법규 구조 재료의 제약에서 자유로울 수가 없다는 사실이다. 중도타워는 황룡사 9층 목탑의 형태를 추정한 복제건물인 것이다.

황룡사 9층 목탑을 이미지화한 최초의 건축은 경주엑스포공원의 랜드마크 '경주타워' 이다. 2007년 9월에 준공한 1,167㎡ 30층 높이의 경주타워는 황룡사 9층 목탑 형상이미지를 음각으로 비워낸 상징적 현대건축이다. 당시 현상설계공모에서 탈락한 2등 계획안 아이디어를 차용했다는 물의를 빚기도 했다.

2012년 원저작자인 건축가 이다미준(유동룡)의 설계를 인정하는 표지판이 세워졌다.

1층에서 엘리베이터를 타고 오르면 상부에 9층 전망휴게실과 8층 전시장이 있다. 철골구조의 유리 건물에 탑의 형상을 비워낸, 따라서 중간층 면적은 없고 탑의 형태를 나타내는 빈 공간을 위해 존재하는 배경건축이다.

경주타워를 음陰, negative의 건축이라 한다면 중도타워는 양陽, positive의 건축이다. 500m 거리를 사이에 두고 음양陰陽의 두 9층탑이 마주 보고 서 있는 것이다. 2017년 가을 '신랑 중도타워', '신부 경주타워' 가 경주시장의 주례로 혼례식을 올렸다. 음양 조화로 세워진 두 건축물도 특이한 우연이지만 혼례식 이야기는 아사달 아사녀의 전설만큼이나 낭만적 스토리텔링이다.

과거 건축물의 복원과 재현만을 역사라고 말해서는 안 될 것이다. 이 시대를 살아가고 있는 모습과 지금 지어지는 건축이 곧 이 시대의 전통이다. 그 전통의 연결과 이음이 곧 역사의 연결이요, 흐름이다. 설화와 전설은 이 시대에도 생겨나야 한다. 현재는 먼 후일의 과거요, 전통이요, 역사로 남아 있을 것이기 때문이다.

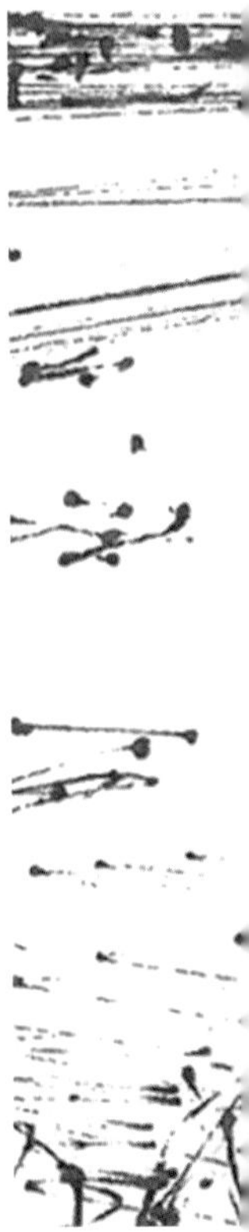

남아있는 황룡사 9층 탑의 심초석은 탑의 규모를 짐작케 한다.

기차 철길의 변신,
전망대 아양뷰view

과거 아양기찻길 폐철로는 보행로 및 자전거도로로 변신하였다.
철교 중간 지점에 투명유리 건물로 조성된 전망대 아양뷰view.

수성못 주변에는 활주로를 벗어난 비행기가 하늘비행을 멈추고는 레스토랑으로 변신해 서 있다. 바다를 떠난 범선이 팔공산 기슭 위 카페가 되어 있는가 하면 정동진 동해 해맞이 언덕 위에는 대형여객선이 호텔로 변신해 있다. 강물이 흐르는 철교 위에 짓는 집도 건축물일까? 철로 교량의 연장인가? 비행기는 날개의 양력으로써 하늘을 날아다녀야 하고, 여객선과 범선은 부력과 풍력으로 바다를 떠다니는 이동 수단이다. 철길 교량은 기차가 달리는 길이며 역이 아니면 머물러서 안 되는 이동 동선이다. 상식과 본질을 벗어난 변신은 상상적 건축을 낳고 의외성을 탄생케 한다. 기능과 역할 그 경계선상이 혼란스러워지는 것이다. 건축물은 '땅 위에 지은 구조물 중에서 기둥과 벽, 지붕이 있는 건물을 통틀어 이르는 말' 로 정의하고 있다. 안전성을 바탕으로 정주성定住性을 유지하는 건축 관념이 혼란스럽기도 한 것이다.

다리의 변화

최근, 경주왕경 복원사업으로 통일신라시대의 오래된 다리 월정교가 그 모습을 드러냈다. 석재 다리 위의 기와집 회랑, 양편의 2층 누각이 복원 완성되었다. 전주 남천교 위에는 기와집 청연루가 있어 한옥도시의 관문을 상징하고 있다. 과거에서부터 수평적 연결기능인 다리에만 머무르지 않고 수직적 기능 공간과 조형미를 더한 것이다. 근대 기능주의시대에는 빠르게 움직이고 편하게 건너기만 하는, 다리의 1차 기능을 위한 구조만을 필요로 한다.

유럽에는 아름다운 건축미와 함께 내부 공간과 역사적인 시간이 쌓인 다리들이 많았다. 이태리 플로렌츠의 베키오 다리(1345년)는 4층의 건물 속에서 지나다니는 다리이다. 런던 템즈강 빅토리아 건축양식의 타워 브리지(1894년)는 곧 영국의 상징이다. 파리 세느강 위 가장 오래된 퐁네프 다리(1607년)는 영화 〈퐁네프의 연인들〉과 〈향수〉의 배경이 되면서 유명 관광지가 되었다. 현대의 세계적인 교량들은 세계 최장 최고 기술로 세워지는 첨단기술공학의 기록경쟁 경연장이 되고 있다.

강 위에 떠 있는 아양뷰view 공간에서 커피를 마시며
발아래의 금호강과 멀리 팔공산 경관을 바라보는 넉넉한 여유를 가진다.
투명유리 커튼 월이 사선 구조인 공간이다.

아양철교

동촌 아양교 서쪽 350m 지점에는 대구선 기차가 다니던 아양철교가 있다. 금호강을 가로지르는 철교는 일제 강점기 1936년에 만들어진 기찻길이다. 다리 위에 지어진 전망대 아양 뷰view는 이제 네살이지만 여든 살이나 되는 오래된 철교와 함께 기나긴 시간이 담기고 오랜 역사가 쌓인 공간이 되었다. 대구선 운행 중단 이후 낡은 다리 구조물은 도시 미관을 해치는 흉물이라는 민원에 철거, 존폐에 대한 논란이 끊이지 않았다. 2008년 2월 대구선 철도 도심 구간이 외곽으로 옮겨지면서 용도폐기로 철거 위기에 처한 아양철교를 5년 공사기간과 사업비 53억 원을 들여 공공디자인으로 리모델링하였다. 결국은 역사 속으로 사라질 뻔한 폐철교도 관광자원 공공시설이 될 수 있다는 발상과 참신한 설계 아이디어로 인해 새롭게 변신하게 된 것이다. 아양기찻길 전망대 아양뷰view는 2013년 12월 완성되었다.

전망대 아양뷰view

강을 가로지르는 길이 277m, 폭 3m의 아양기찻길 철로는 보행로 및 자전거도로로 변신하였다. 철교 중간 지점에 폭 6~8.5m, 길이 57m의 투명유리 건물로 조성된 전망대 아양뷰view는 디지털 다리박물관, 커피숍, 휴게시설, 갤러리가 있다. 이 기능들은 각각 분리된 공간이 아니라 한 공간 안에서 공존하고 있는 통합된 공간이다. 사람들은 강 위에 떠 있는 아양뷰view 공간에서 커피를 마시며 발 아래의 금호강과 멀리 팔공산 경관을 바라보는 넉넉한 여유를 즐길 수 있다.

아양뷰view 건축물은 금호강 철교 위에 마치 유선형 물고기가 반듯이 엎드려 있는 형상이다. 전체는 그리드 투명유리 커튼 월을 구성하는 사선 구조이다. 멀리 강 언덕에서 바라보면 유리 비늘은 강물의 윤슬과 함께 반짝반짝 빛을 발하기도 한다. 내부 공간에서의 사전 유리 커튼 월 구조는 경쾌한 사선 디자인으로 도시의 일상에서는 경험하지 못한 새로운 공간감을 자아낸다.

옛 철교의 카페 내부. 오래된 기찻길 흔적과 다리 아래 흘러가는 강물에서 시간의 영속성을 느끼게 한다.

간간히 배치된 투명 유리바닥은 옛 철교 구조와 레일 침목을 보여주고 있다. 오래된 기찻길 흔적에서는 과거의 시간을 바라보게 되고 다리 아래로 흘러가는 강물은 단절되지 않고 이어져 오고 가는 시간의 영속성을 느끼게 한다. 다리의 수평 수직적 경관조명과 전망대 건축 공간에서 뿜어 나오는 조명으로 인하여 밤의 경관은 더욱 낭만스럽게 된다.

'왜 대구 신천 변에는 스페인 빌바오 구겐하임처럼 멋진 미술관 하나 못 만드나?' 건축가들이 듣게 되는 비난 중 하나이다. 강변 강둑 물 위의 건축은 행정 법규적으로 거의 불가능하다. 동구청은 철거될 아양철교를 대구시로부터 이관 받아 국토관리청의 하천점용 허가를 어렵게 받았다. 설계 타당성 검토, 아이디어 공모, 디자인 설계 등 선험적 과정을 거쳤다. 완성 후 이 작품은 세계 디자인 컨테스트 레드닷 디자인 어워드상을 수상하였다. 폐철교를 공공디자인과 접목해 새로운 도심 속 시민 문화공간으로 복원한 아이디어의 독창성과 완성도를 세계가 인정한 것이다.

기차만 다닐 수 있었던 철길이 지금은 사람들이 이쪽과 저쪽을 오가며 생활권 통합과 상권 활성화에도 기여한다. 아양기찻길은 드라마 촬영지가 되며 지역을 알리는 역할을 하였다. 아양철교와 연결하여 지저동 · 동촌동 · 입석동 동내를 가로 지르던 철길 주변도 도심 속에 7.4km 길이의 선상공원線上公園으로 재구성되었다. 낭만적인 간이역 동촌역도 리모델링하여 '동촌역사 작은도서관' 이 대구선 동촌공원과 함께 탄생했다.

삼성의 역사를 일깨우다 - 대구삼성창조캠퍼스

삼성의 모태, 대구

대구가 자랑스러워할 수 있는 것 중 하나가 글로벌 기업 삼성의 탄생지라는 사실이다. 달성공원 건너편 성내동 삼성상회와 침산동 제일모직의 터와 옛 건물들이 남아 있다는 것은 참으로 다행스런 일이다. 빈 터와 남겨진 옛 건물들에서 삼성의 역사를 알고 창업정신을 반추한다는 것은 곧 미래 경제를 향한 지표가 될 수 있을 것이다.

대구역 지하도를 지나서 구 경북도청(현 대구시청별관)에 이르는 중앙대로 왼쪽 편에 제일모직이 있었다. 넓은 빈터와 푸른 담쟁이가 덮인 옛 건물들이 과거의 흔적이다. 이 흔적들이 없었다면 지금의 삼성은 알아도 삼성의 모태 옛 제일모직과 삼성상회는 잊히고 말았을 것이다. 이곳에서 옛 흔적이 살아나고, 옛 건축이 다시 세워지고, 창업정신이 새롭게 일깨워지기를 기대한다.

과거 제일모직의 기숙사 건물은 미술공방,
창작 작업실, 음악실 등의 문화공간으로 재생되었다.

대구삼성창조캠퍼스

2018년 3월 대구삼성창조캠퍼스가 완성되었다. 삼성이 900여억 원을 투자해 옛 제일모직 터에 19개 건물로 조성하였다. 박근혜 정부의 국정과제였던 창조경제 프로젝트를 삼성과 함께 가장 먼저 실행한 곳이다. 그러나 갑작스럽게 정국이 바뀌어 공식도 미뤄졌고 따라서 널리 알려지지도 못했다.

2008년, 제일모직 부지 서편에 오페라하우스가 건립되었다. 삼성은 제일모직의 땅에 건물을 지어서 대구시에 기부 체납하였다. 이를 계기로 대구는 오페라 뮤지컬 공연도시를 브랜드화하였다. 오페라하우스와 연결하는 정문 앞길은 이병철 회장 아호를 따서 '호암로'로 명명하였다.

단지의 남측 정문을 들어서면 삼성상회와 창업기념관이 좌우로 배치되어 '삼성 존'이라 일컫는다. 커뮤니티 존 광장 중심에 우뚝 솟은 공장 굴뚝은 산업화시대의 역사적 흔적으로 남은 상징조형물이다.

출발 당시 명칭은 대구창조경제단지였으나 대구삼성창조캠퍼스로 바뀌었다. 대지 면적 90,199㎡(27,285평), 건물 연면적 43,040㎡ 규모로서 4개의 구역으로 조성된다. '삼성 존'은 삼성상회를 복원하고 본관의 옛 건물은 기념관으로 리모델링하여 삼성의 역사와 시간을 보존한다. '창조경제 존'은 미래창업을 향한 새로운 첨단오피스 4개 동으로 이루어진 영역으로 대구창조경제혁신센터와 벤처창업기업 30여 업체가 입주하였다.

'아틀리에 존'은 과거 여자기숙사 4개 동을 리모델링해 문화공간

삼성의 모태였던 인교동 '삼성상회'는 대구삼성창조캠퍼스에 복원되었다.

으로 변신하였다. '커뮤니티 존'은 시민공원과 주민문화센터 공간으로, 공원 주변은 편의시설과 쇼핑 공간으로 조성되었다. 이렇게 삼성창조캠퍼스는 지역 사회에 도움을 주고 시민들에게 다양한 편의를 제공하는 문화공간으로 돌아왔다.

삼성의 역사를 일깨우다 - 대구삼성창조캠퍼스

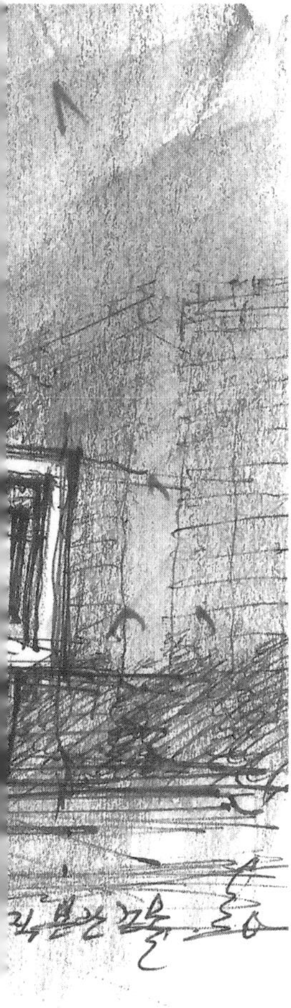

삼성상회의 건축

인교동 삼성상회는 1938년 고故 이병철 삼성 회장이 처음으로 사업을 시작한 곳이다. 고향인 경남 의령에서 올라와 3만 원으로 시작한 첫 사업이다. 당시 배고픈 서민들의 끼니 해결을 위해 제분 제면기로 '별 세 개(삼성)' 브랜드 '별표 국수'를 만들었다. 이것이 오늘날 삼성의 탄생이다. 일본과 중국으로 농산물 무역업과 대구에서 번 돈 3억 원으로 부산에서 제일제당을 설립하며 1954년 대구에 제일모직을 세웠다.

지하 1층, 지상 4층, 높이 13m의 목구조 삼성상회는 2, 3층은 독립형 창이며 1, 4층은 개방형 창문 형태로 세련된 근대 디자인 수준이다. 붕괴 위험으로 1997년 9월 해체되며 보관했던 자재를 이용, 원형으로 복원하였다. 그 당시 미개관이라 내부 구조와 공간을 살필 수 없었다. 인교동 옛터는 소공원으로 조성되어 삼성상회 옛 모습을 축소한 조형입면으로 자리를 지키고 있다.

복원된 건물에는 과거의 한문간판을 그대로 걸어두었고 촬영장 세트처럼 70년 전 과거로 되돌리고 있다. 2010년 2월 호암 탄신 100주년을 맞아 오페라하우스 마당에 호암 동상을 세웠다. 동상은 삼성상회 복원과 아울러 건물 곁으로 옮겨졌다.

제일모직의 건축

1954년 이 땅에 제일모직을 세웠고 현재의 글로벌기업 삼성그룹의 출발이 되었다. 1995년 대구공장이 구미공장과 통합돼 이전하면서 그동안 빈 땅으로 남아 있었다. 다행히, 창업 회장이 사업을 일으킨 땅에 60여 년이 지난 지금, 과거와 현재, 경제와 문화가 어우러진 복합 창조경제 단지로 재탄생한 것이다.

이 땅에 대해서 시민들은 상업적 고층 아파트 단지로 전락하지 않을까 심히 염려했던 바이기도 했다. 기업의 땅들은 대부분 아파트 단지로 전락(?), 부동산의 용도로 개발하였음을 익히 보아왔기 때문이다. 창업의 땅에 기념관과 역사관을 기초로 문화와 창업 마스터플랜의 캠퍼스를 구축한 것이다.

여자기숙사 건축

건축적 의미로 가장 중요한 것은 여자기숙사 건축이다. 동쪽 중앙대로에 면하여 담쟁이로 둘러싸인 2층 건물 5개 동은 60여 년 세월 동안 제일모직과 삼성의 과거를 묵묵히 말하고 있었다. 6, 70년대 섬유산업의 역군들은 시골에서 올라온 여공들이었다. 일하면서 산업체 야학을 다니고 집안 생계를 꾸리며 동생들 학비를 감당하는 소녀가장들이었다.

시간의 흔적을 간직한 기숙사는 지나간 산업시대와 삼성의 과거를 말하는 역사관이며 도시 건축관이다. 옛 기숙사는 원형과 고풍스런 외관을 잘 유지하며 리모델링하여 전체적으로 철골구조로 보강, 현대적 아틀리에 공간으로 재탄생하였다. 미술품, 공예품을 제작 판매하는 공방과 창작 작업실, 음악 창작실, 카페 등 다양한 문화공간이 입주해서 시민들과 함께 하고 있다.

본관 건축(창업기념관)

1956년 본관이 준공되었다. 이 자리에 있었던 본관건물을 재생하여 '창업기념관' 으로 명칭한다. 이병철 회장의 과거 집무실 복원과 함께 과거 제일모직과 삼성의 탄생 역사를 전시하는 공간이다. 창업기념관과 연결하여 삼성 홍보관과 디지털프라자도 계획되어 있다.

창업기념관 건축은 전형적인 근대건축의 입면 질서를 유지하고 있다. 정면 캐노피가 있는 좌우대칭 2층 건물은 근대 본관건물의 전형이라 하겠다. 수직 길이를 강조한 창문과 수직 루버 벽면이 정면성을 강조하며 통일성을 갖추고 있다. 오랜 시간 방치되어 있었어도 기업의 품위를 나타내는 대구의 근대건축물이라는 점에서는 이견이 없다. 설계자와 시공에 대한 고증기록을 찾는 일도 중요하다.

50년 시간의 연결, 대구은행 제1 본점·제2 본점

18층 규모의 수성동 제1 본점은 1985년에 건립 50주년을 맞아 2019년 리모델링 후 재탄생하였다. 포디엄 저층부 영업 공간과 타워(tower) 고층 건축이 조화를 이루는 결합이다.

우리나라 제도권 은행제도는 중앙은행인 한국은행을 중심으로 일반은행과 특수은행으로 나누어진다. 일반은행을 세분하면 6개의 시중은행과 5개의 특수은행, 6개의 지방은행, 4개의 비은행 금융기관 그리고 외국은행 지점으로 크게 나눌 수 있다. 대구은행은 국내 6개 지방은행 중 최초이다. 근대적 은행제도가 도입된 것은 개항 2년 뒤인 1878년 부산에 일본의 제일은행 지점을 개설하면서부터이다. 우리의 민족자본에 의한 은행은 1897년의 한성은행(구 조흥은행)과 1899년의 대한천일은행(구 상업은행, 현 대구문학관건물) 설립이 시작이었다.

랜드마크landmark 건축물

1967년에 탄생한 대구은행은 반세기 동안 우리 지역과 도시를 상징하는 지방은행이다. 지방은행은 그 지역 도시의 경제적 명암을 반영하는 바로미터이며 은행건축은 도시 위상과 대표성을 가지는 상징적 건축물이다. 오래전 대구의 지방은행 'D은행'이 없어지고 본점건축의 기능과 명칭도 바뀌었지만 지금도 여전히 'D은행 본점' 명칭으로 불리고 있다는 것은 상징성이 그만큼 강하기 때문이다. 타 도시에 가서도 눈에 잘 드러나는 은행건물이 랜드마크가 되어 있는 것을 흔히 경험하게 된다. 세계 도시들에서도 은행건축은 고층화, 상징화가 되어 있다. 홍콩의 상하이뱅크(HSBC)는 노먼 포스터가 설계한 하이테크건축의 대명사로 유명하며 싱가포르, 상하이 푸동지구의 초고층 건물, 와이탄 거리의 건축물들은 금융거리이기도 하지만 거의 은행건물들이다.

중앙로, 창립 당시 본점

창립 50주년을 맞이하면서 대구은행 본점 건물이 2개가 되었다. 2017년 칠성동 제2 본점이 준공되면서, 30여 년 동안 대구은행 본점으로 불리어 왔던 수성동 건물은 제1 본점으로 새로이 리노베이션되었다. 수성동 제1 본점 이전의 창립 당시 본점 건물은 중앙로 네거리의 10층 건물이었다. 중앙로 지점이 된 이 건물이 50년의 세월을 지키고 있지만 지금은 규모가 약화되었다. 과거, 도시의 대표적 변화가였던 중앙로 네거리 모퉁이에는 대구은행, 로얄호텔, 미도백화점 등의 당시 최고 고층건물들이 자리를 잡고 있었다.

현대 도시의 변화 속에서 50년 세월을 묵은 건축물은 건축적 가치에 따라서는 근대건축으로 분류되어서 보존의 대상이 되기도 한다. 대구문학관 향촌문화관으로 재탄생한 구 상업은행 건물은 1976년 세워진 건물이었고, 콘서트홀로 재탄생한 시민회관은 1975년에 건립되었기에 50년의 시간을 가늠할 수 있다. 대구예술발전소는 1923년에 지어진 담배창고였고, 1932년에 조선식산은행(구 산업은행)으로 세워진 대구근대역사관은 일제강점기의 건축이었다. 도시의 맥락과 건축적 가치에 따라서 보존이 결정되지만 비싼 땅의 도심빌딩들은 상업적 가치에 따라서 그 존폐가 결정되기에 운명을 예측할 수 없다.

수성동 제1 본점

수성동 제1 본점은 1985년에 건립되어 30여 년간 대구의 대표 건축 중 하나였다.

18층 규모의 사옥은 건립 당시 지역 최고 높이 건축물로서의 위용과 현대 건축의 품위를 지켜왔다. 30년 세월이 지난 이후, 리모델링을 통해 곧 새 시대의 건축으로 다시 태어날 것이다.

건축의 콘셉트 포디엄 앤 타워이다. 포디엄podium은 시민과 직접 소통하는 저층부의 영업 공간이며 타워tower는 고층건축 위상을 표현하며 업무를 수행하는 사무 공간이다. 저층과 고층의 하모니를 이루는 결합이다. 포디엄은 타워 하부를 관통하는 필로티 구조로서 타워 매스와 경쾌하게 분리되어 있는 것 또한 이 건축만의 특징이다. 시간이 지나서도 지루하게 느껴지지 않아야 도시 경관으로서의 건축적 가치가 있다. 50주년을 맞아 제1 본점은 리모델링하여 새 시대 도약을 향한 새 사옥으로 2019년 재탄생하였다.

칠성동 제2 본점

칠성동 제2 본점은 2013년 12월에 공사를 시작하여 2016년 4월 준공하였다. 지하 3층, 지상 10층, 연면적 37,055㎡ 규모이다. 건축은 컬처 플랫폼culture platform으로 문화공간을 지향하고 있다. 지하의 체육관, 1층 로비에는 영업장, 갤러리, 북카페, 2, 3층에는 423석의 오디토리움auditorium, 4층에는 문화센터가 계획되어 지역민을 위한 복합 문화공간을 표방하고 있다. 5~9층은 업무 공간, 10층은 옥상정원으로 조성되었다. 열린 공간으로서의 은행을 지향하며 자연 친화적인 녹지공간으로 시민들과 정서적, 문화적 교감을 지향하고 있다. 2016 대한민국 녹색건축대전 최우수상과 제25회 대구광역시 건축상 금상을 수상했다.

중앙로(창립), 수성동(제1 본점), 칠성동(제2 본점)의 위치성은 도시의 변화 번영, 도시축axis의 이동과 함께해 왔다. 건물의 배치를 위에서 내려다보면 정방형 프랙털fractal 질서를 이루고 있다. 부분 부분을 이루고 있는 요소들은 곧 전체와 닮은 형태를 하고 있다. 자체 유사성類似性이다. 정방형에 가까운 땅에 배치된 건물은 반듯한 정방형이다. 땅 가장자리에 보행통로가 있고 그 안에 정방형의 매스mass, 그 안에 오픈 스페이스open space, 그 내부에 또다시 정방형의 아트리움atrium, 사각 형태의 반복과 중첩이다. 건축 안에는 지속성, 일관성, 영속성이 내재되어 있다.

건물 입면〔facade〕 역시 프랙털의 연속으로 동서남북 4면 역시 사각형 정방형 매스의 반복이다. 건물 하부 네 개의 견고한 포디엄(독립된 건축물)들이 하나의 건물을 받치고 있다. 금속스크린이 내장된 오카데크 유리는 하이테크건축의 산물이다. 내부에서 밖을 보면 나타나는 미세한 타공 스크린은 외부 자외선을 차단하는 기능이다. 기하학적 프레임의 유리박스는 밤이 되면 은은한 조선백자처럼 나타난다. 희망이 담긴 판도라의 상자, 뚜껑을 열면 우윳빛 달이 도시에 떠오를 듯한 느낌이다.

전체적 개념은 비워진 공간〔negative space〕을 중심으로 채워진 기능공간〔positive space〕이 둘러싸고 있다. 건축에서 유일한 곡선은 로비 상부를 지배하는 우드 색상의 강렬한 오디토리움auditorium 하부 매스이다. 2~3층 오디토리움은 사람들이 모이는 공간의 핵이다. 5개 층의 상

칠성동 제2 본점은 2016년 4월 준공하였다.
건물 평입면은 프랙털의 연속으로 동서남북 4면 사각형 정방형 mass의 반복이다.
glass box 건축은 은은한 조선백자처럼 나타난다. 희망이 담긴 판도라의 상자,
뚜껑을 열면 우윳빛 달이 도시에 떠오를 듯한 느낌이다.

부 코트 공간은 오픈 스페이스이다. 닫힘에서 열림으로, 채워짐에서 비워짐으로, 불투명에서 투명으로의 전환이다.

은행 건축도 공공성의 건축이요, 열린 시설 기능이 되어야 하는 시대이다. 1층 로비 공간에는 과거처럼 영업장, 대기실만 있는 것이 아니라 카페와 갤러리도 있다. 그러나 로비 공간을 지배하는 안내 프론트 눈길 앞에서 서민들은 생소해지고 작아지는 느낌이다. 엄격하지 않고 편안한 공간이면 좋겠다.

건축은 시대의 거울이요, 반영이다. 시대의 건축은 불확실한 미래에까지 지속가능성을 가지며 생명력을 유지하여야 한다. 대구의 건축, 대구은행 본점 건축이 그러하리라 기대한다.

상부 강당 형태의 구조가 조형으로 노출된 1층 로비 공간

상부 강당 형태의 구조가 조형으로 노출된 1층 로비 공간

조형건축 -
포항 송도폴리folly

생활의 변화에 따라서 건축도 변화한다. 그 변화에 따라서 새로운 건축 기능들과 건축 신조어들이 생겨나고 있다. 철근콘크리트가 등장한 근대건축 시대는 건축 혁신을 가져왔고 필로티, 테라스, 펜트하우스가 등장하였다. 현대에 와서는 펜션, 빌라, 원룸, 모텔 등 비공식 건축용어 사용이 일상화되었다. 공동주거 생활환경에서 아파트 명칭도 계속 신조어를 창출하고 있다. 푸르지오, 자이, 힐스테이트, e편한세상, 아이파크, ㅇㅇ캐슬, the#… 아파트 브랜드와 명칭은 외국어로 지어 화려하고 세련되어 보이고자 하는 이름들 일색이다. 국적불명의 명칭들은 소비자들을 허영에 빠뜨리게 하는 상업주의일까, 화려한 명칭을 선호하는 소비자 취향일까? 그 모두의 합작일 것이다.

송도 워터폴리는 동해와 태평양, 세계를 향하는 포항의 꿈과 비전을 이미지화한다.
리처드 바크의 소설 '갈매기의 꿈'의 주인공 갈매기 조나단 리빙스턴 시걸의 꿈을 이야기한다.

폴리folly

1980년대 후반, 폴리folly라는 이름의 건축이 등장했다. '어리석음, 우둔함' 이라 풀이하는 사전적 의미는 건축과는 상관이 없는 말이다. 구체적이고 특별한 기능이 없이 조형적, 장식적 역할을 하는 건축이라고 풀이할 수 있겠다. 거슬러 살펴보면, 18세기 낭만주의시기에 화려한 조경 설계가 성행했던 영국에서는 귀족적 취향에 따라서 중세탑, 성곽, 고대 신전을 연상케 하는 장식 형태가 유행했다. 폴리는 작은 정자로 쓰이기도 했으며, 시각적 효과와 경관을 꾸미는 목적으로 만들어졌다. 미국에서는 장식적인 전망대(gazebo)나 정원의 정자를 일컫는다.

우리의 선조들은 자연경관이 좋은 곳에 작은 정자를 지었다. 주위의 자연 속에서 건축만으로도 아름답거니와 자연을 바라보고 휴식을 하거나 시를 읊고 음악을 즐기는 공간으로 활용했다. 밖에서 바라보면 조형적 아름다움을, 안에서도 적당한 기능을 가지는 정자는 곧 우리나라의 폴리라고 생각된다. 최근에는 공원 바닷가 둘레길 등산로에는 자연경관을 바라보는 조형적 전망대가 곧 폴리일 것이다.

라 빌레트 공원의 폴리folly

1980년대 프랑스 미테랑 대통령은 경제 위기 타개책으로 파리시 전역에 대형건축 프로젝트Grand Project 정책을 펼친다. 루브르 박물관 유리피라미드, 라데팡스, 국립도서관, 바스티유 오페라하우스 등 현대건축사에 빛나는 건축들을 건립하였다. 과거 도살장과 우시장이 있었던 파리 외곽 라 빌레트 지역에는 대형공원이 계획되었다.

국제설계공모에서는 전원적 공원개념을 탈피하는 21C형 개념의 획기적인 설계안이 당선되었다. 1km 길이 공원에는 사방 120m 간격의 정방형 그리드grid로 점·선·면을 분할, 그 교차점마다 조형 건축물을 설치하였다. 붉은색의 철골 조형물들은 해체주의 건축의 시작을 알린다.

광주폴리folly

국내에서 폴리folly라는 건축용어가 본격적으로 알려지기 시작한 것은 2011년 광주디자인비엔날레에서다. 세계 유명 건축가를 초빙하여 광주 도심의 주요도로변 거점 11곳에 설치한 조형물 이름을 '광주폴리folly' 라 불렀다. 비엔날레 행사에 맞춰서 도시 미관 개선을 위하여 광주시 도심 재생 프로젝트가 시작되었다. 당시 비엔날레 총감독인 승효상 건축가의 기획으로 국내외 저명건축가들이 도시적 맥락과 창의적 콘텐츠를 표현한 작품을 설계하여 설치하였다. 이후 상표명 등록을 거쳐서 '광주폴리' 는 고유명사로서의 조형적 명칭이 되었다.

포항 송도 워터폴리folly

한반도 호랑이 꼬리 부분 해안선에 위치하는 포항 영일만은 한반도에 아침 해가 가장 먼저 뜨는 지역이다. 과거 포항 송도해수욕장이 있었던 해변의 송도 워터폴리는 필자의 설계 작품이다. 2016년 현상설계를 거쳐 2018년 완공되었다. 해안선에서 바다를 바라보는 워터폴리

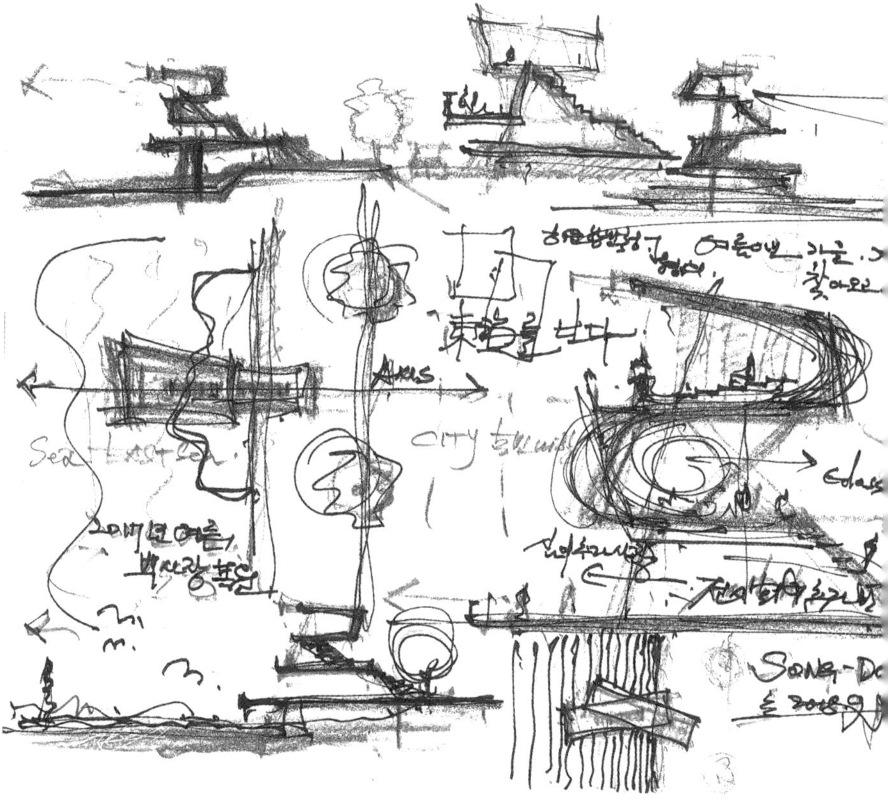

설계 이미지의 전개과정 스케치

는 도시와 바다, 사람과 자연을 연결하는 전망 폴리이다. 멀리 해안도로에서나 바다 위 유람선에서 폴리를 바라보면 한 마리 갈매기가 비상을 준비하는 S자 형상이다. 동해바다 태평양 세계를 향하는 포항시민의 꿈과 비전을 이미지화한다. 리처드 바크의 소설 「갈매기의 꿈」의 주인공 갈매기 조나단 리빙스턴 시걸을 이야기하는 듯하다.

바다 위 반원 데크 공간을 바탕으로 워터폴리가 앉아 있다. 해안 도로에서 만나는 넓은 2층 계단은 접근성을 유도하는 완충 공간이다. 2층 전망 공간에서 다시 수직계단을 오르면 3층 공간에 이른다. 캐노피 아래 스탠드형 전망대에 편히 앉아서 바다를 바라보게 된다. 오른편에는 바다에 떠 있는 포항제철의 위용이, 왼편으로는 환호해맞이공원, 먼 바다에 호미곶 지평선이 아련히 보이기도 한다. 3층 건물 높이는 12.7m, 연면적 620㎡, 과히 높은 전망대 높이가 아니다. 시간이 머무르는 열린 공간이다. 얕은 수면 모래 위에 지어진 폴리 하부는 길이 50m 파일기둥 50여 개가 기초를 떠받치고 있는 내진구조이다.

송도 해수욕장은 중장년층이 기억하는 과거의 추억이었다. 여름철 더위를 피해 송도 해수욕장을 찾아 텐트를 치고 통기타로 밤을 지새우던 젊은 시절 추억이 있을 것이다. 송도 해수욕장은 2000년대 이전까지만 해도 물이 맑고 모래가 곱고 경사가 완만해 최고의 해수욕장이었으나 지금은 해수의 변화로 모래가 사라졌다. 포항시는 해변 주요 관광 포인트에 전망 조형물을 세우는 작업을 지속적으로 추진하고 있다.

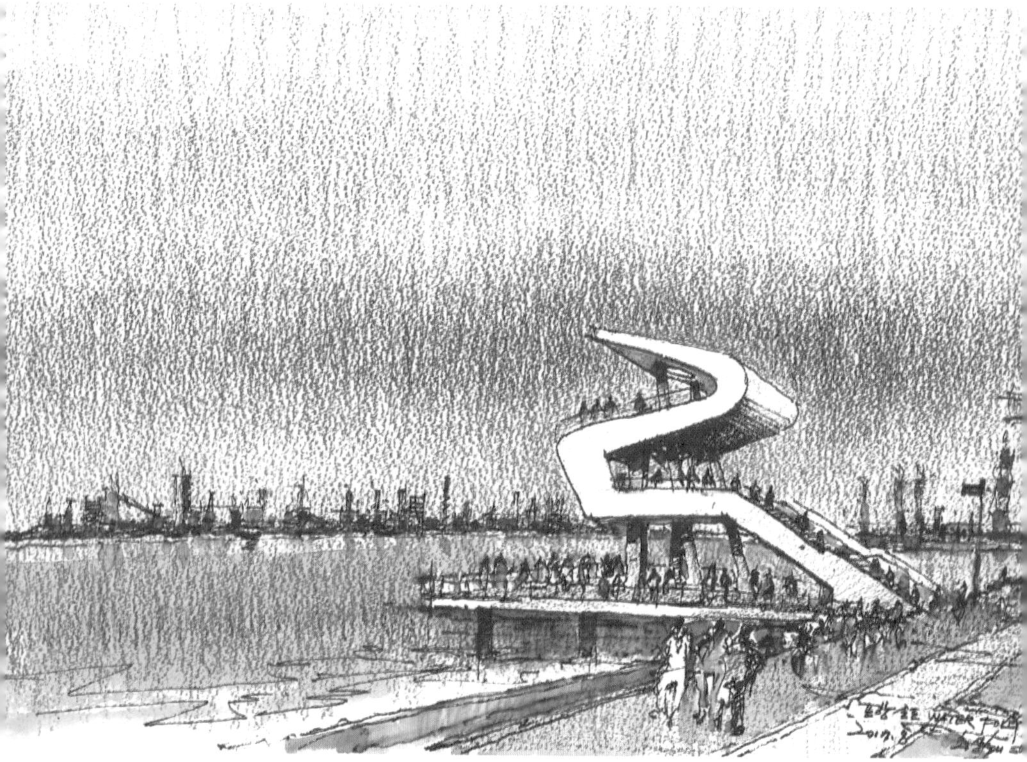

멀리 해안도로에서나 바다 위 유람선에서 폴리를 바라보면
한 마리 갈매기가 비상을 준비하는 S 자 형상이다.